| Ökologie | Einblicke in die Wissenschaft |

Reinhold Koepp
Tatjana Koepp-Schewyrina

# Tschernobyl
## Katastrophe und Langzeitfolgen

Reinhold Koepp / Tatjana Koepp-Schewyrina

# Tschernobyl

## Katastrophe und Langzeitfolgen

B. G. Teubner Verlagsgesellschaft
Stuttgart · Leipzig

 Hochschulverlag AG an der ETH Zürich

Dr. Reinhold Koepp
Tatjana Koepp-Schewyrina
D-13059 Berlin

Die Fotos 3.3, 3.6, 4.2, 4.3, 8.3, 9.1 und auf Seite 10 hat freundlicherweise
Herr Helmut Trommer, Hamburg, zur Verfügung gestellt.
Foto erste Umschlagseite und Foto 2.3: Autor.

Gedruckt auf chlorfrei gebleichtem Papier.

Die Deutsche Bibliothek – CIP-Einheitsaufnahme

**Koepp, Reinhold:**
Tschernobyl : Katastrophe und Langzeitfolgen /
Reinhold Koepp/Tatjana Koepp-Schewyrina. -
Stuttgart ; Leipzig : Teubner ; Zürich : vdf. Hochsch.-Verl.
an der ETH, 1996
  (Einblicke in die Wissenschaft : Ökologie)

NE: Koepp-Schewyrina, Tatjana:



ISBN 978-3-8154-3522-9      ISBN 978-3-322-99967-2 (eBook)
DOI 10.1007/978-3-322-99967-2



Umschlaggestaltung: E. Kretschmer, Leipzig

# Vorwort

Die Idee, dieses Buch zu schreiben, regte sich bei mir erstmalig, als ich im Jahre 1992 am Meßprogramm der Bundesrepublik Deutschland zur Erfassung der Strahlenbelastung der Bevölkerung im Kiewer Gebiet teilnahm. In den vielen Gesprächen, die wir mit den Menschen führten, deren Radioaktivität von uns gemessen wurde, tauchten immer wieder neue Fragen der Betroffenen auf, die wir jedem einzelnen zu beantworten suchten. Andererseits stellten auch wir Fragen, insbesondere zur Ernährung. Bei den Gesprächen, die ich dort und ein Jahr später in Rußland, im Brjansker Gebiet, wo die radioaktive Belastung sehr viel höher war, führen konnte, bewegte mich immer wieder das folgende Problem: gerade jene Menschen, die naturverbunden lebten und sich von den Produkten ihres Gebietes ernährten, waren am stärksten radioaktiv belastet. Wer frisches Obst und Gemüse aß, gar aus dem eigenen Garten, wer Milch von Kühen der näheren Umgebung trank, im Wald Pilze und Früchte für sich und seine Familie sammelte, bei dem hatte sich überall im Körper, besonders in den Muskeln, radioaktives Cäsium angesammelt.

Meist hatten diese Menschen seit ihrer Geburt hier gelebt, und nun sahen sie sich unsichtbaren, mit keinem der menschlichen Sinne erfaßbaren Gefahren gegenüber, deren Ausmaß sie kaum ermessen konnten. Eine seit Generationen überlieferte Lebensweise, die ihren Vorfahren immer wieder Kraft gegeben und die Gesundheit gesichert hatte, war plötzlich gefährlich geworden.
Vielleicht haben wir durch unsere Meßaktionen ein wenig geholfen, die neuen Gefahren besser zu erkennen, die Gewohnheiten etwas darauf einzustellen, ohne sie einschneidend ändern zu müssen.

Zum Verständnis der Sachlage in den von der Katastrophe betroffenen Gebieten war für mich von großem Nutzen, daß ich zu dieser Zeit bereits fast 15 Jahre an der Berliner Humboldt-Universität im Bereich Angewandte Radiologie der Sektion Physik mit Kernstrahlungen und auch über deren biologische Wirkungen gearbeitet hatte. Dort war ich sowohl mit Strahlenschutzproblemen bei der Röntgendiagnose als auch mit den Wirkungen der Kernstrahlen auf Pflanzen befaßt. Mein Spe-

zialgebiet ist die Wirkung kleiner Dosen von Kernstrahlungen. Viele Anregungen zur Wirkung ionisierender Strahlungen verdanke ich meinem verehrten Lehrer und damaligen Leiter des Bereichs Angewandte Radiologie, Prof. Dr. Ing. habil. Wolfgang Degner. Er hatte schon mehrere Jahrzehnte in der Strahlentherapie, dem Strahlenschutz und der Strahlenbiologie gearbeitet, als ich 1975 zu ihm kam.
Über mehr als 10 Jahre habe ich an der Arbeit der *European Society for Nuclear Methods in Agriculture (ESNA)* teilgenommen, die unter der Leitung des Holländers Dick de Zeeuw stand und in jährlichem Wechsel Arbeitstreffen in einem Land Ost- oder Westeuropas abhielt. Ich lernte dabei in verschiedenen europäischen Ländern - von Rumänien bis nach Schweden - Erfahrungen und Methoden der Anwendung kernphysikalischer und -chemischer Methoden in der Landwirtschaft kennen und konnte eigene Arbeiten zur Diskussion stellen.

In der Sowjetunion und ab 1992 in deren Nachfolgestaaten Rußland, Ukraine und Weißrußland taten sich nun neue Probleme auf. Die Strahlenwirkungen auf den Menschen und seine Umwelt waren davon nur ein Teil. Sie kann man nur in Wechselwirkung mit der Lebensart der Bevölkerung verstehen, die ihrer Heimat auch in schweren Zeiten verbunden blieb.
Viele Anregungen, vor allem medizinische und allgemein menschliche Probleme betreffend, kamen dazu von meiner Frau, die ich 1993 beim Meßeinsatz in Klinzy (Rußland) als Vorsitzende des Roten Kreuzes dieser westrussischen Stadt mit fast 80 000 Einwohnern kennengelernt habe. Sie hatte nach ihrem Medizinstudium in der Gebietshauptstadt Brjansk viele Jahre in Klinzy gearbeitet, zuerst im städtischen Krankenhaus, dann als Wohngebietsmedizinerin und schließlich vor, während und nach der Tschernobylkatastrophe als Vorsitzende des Stadtkomitees des Roten Kreuzes. Gleichzeitig war sie als Mitglied des Zentralvorstandes des Roten Kreuzes der UdSSR für die von der Tschernobylkatastrophe betroffenen Gebiete Rußlands verantwortlich. Sie hat mehrfach an Weiterbildungskursen zur Strahlenmedizin teilgenommen, das Schicksal Strahlengeschädigter aus der Nähe kennengelernt und Hilfe für sie organisiert. Mir konnte sie auch durch ihre Kenntnis der Betroffenen in den drei genannten Ländern und bei zahlreichen Gesprächen sowie beim Erschließen schriftlicher Quellen

helfen. Nach längerer gemeinsamer Vorbereitungsarbeit haben wir uns entschlossen, das nun vorliegende Buch gemeinsam als Verfasser zu verantworten.

Wir möchten dabei die Katastrophe von Tschernobyl nicht aus dem allgemeinen Zusammenhang lösen und waren daher bemüht, sie in die Geschichte der Kernwissenschaften und Kerntechnik einzuordnen, die leider auch die Entwicklung, Erprobung und Anwendung der gefährlichsten Waffen, die die Menschheit kennt, umfaßt. Bei der Entwicklung der Kernwaffen hat es sicher mehr Opfer sowie direkt und indirekt Geschädigte gegeben als durch die Nutzung der Kerntechnik zur Stromerzeugung. Auf diese Problematik können wir im Rahmen dieses Buches aber natürlich nur ansatzweise eingehen.

Es ist mir ein Bedürfnis, post mortem Prof. Dr. habil. Fritz Bernhard, dem langjährigen Leiter des Bereichs „Atomstoßprozesse und Festkörperoberflächen" der Humboldt-Universität zu Berlin, dafür zu danken, daß er mich mit vielen detaillierten und für mich immer sehr interessanten Geschichten aus seiner zehnjährigen Mitarbeit am sowjetischen Kernforschungsprogramm erfreut und vielfach zum Nachdenken angeregt hat - auch über Probleme der Strahlenwirkungen auf den Menschen. Ihm habe ich auch zahlreiche Anregungen zum Konzept der Vorlesung über Strahlenschutz, die ich in Berlin vor Physikstudenten gehalten habe, zu verdanken.

Herrn Helmut Trommer aus Hamburg sind die Autoren dieses Buches für die bereitwillige Überlassung von Fotografien dankbar, die er bei Hubschrauberflügen über dem Kraftwerksgelände und dessen Umgebung im Sommer 1993 aufgenommen hat.

Die Kuh am Wegesrand und der Hirte zu Pferde - zu sehen auf der Titelseite - habe ich im Oktober 1995 im radioaktiv belasteten Gebiet fotografiert. Für mich ist dies ein Bild mit symbolischer Aussagekraft: Rinder sind dort nach wie vor eine wesentliche Grundlage des Lebens, aber gleichzeitig tragen sie mit ihrer Milch auch stark zur radioaktiven Cäsiumbelastung der Bevölkerung bei.


Berlin, im März 1996                       Reinhold Koepp

# Inhalt

# Inhalt

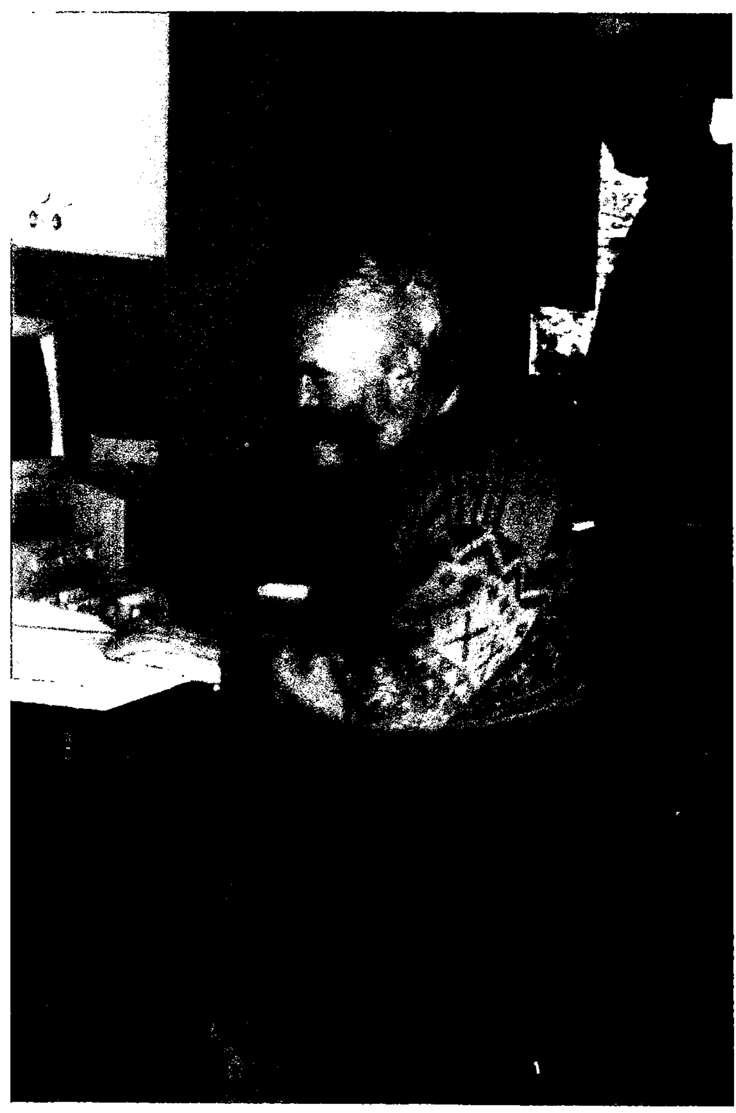

Dieses Foto zeigt den Autor und einen Kollegen im Meßwagen (Trailer) auf dem Marktplatz in Fastow (Ukraine) am Computer des personendosimetrischen Meßplatzes; außerdem ist die Personenkabine mit dicker Bleiabschirmung sichtbar

# 1 Röntgenstrahlen und Radioaktivität

## 1.1 Die Entdeckungen: Röntgenstrahlen, natürliche und künstliche Radioaktivität und Kernspaltung

Im letzten Viertel des 19. Jahrhunderts folgten nach grundlegenden physikalischen Entdeckungen in atemberaubendem Tempo technische Entwicklungen.

Nach der Entdeckung der Wirkungen stromdurchflossener Leiter auf eine Magnetnadel (1820) durch den dänischen Physiker H.C. Oersted und den französischen Physiker A.M. Ampère und des umgekehrten Effektes, der Erzeugung eines Stromes durch Bewegung eines elektrischen Leiters im Magnetfeld, durch den englischen Physiker M. Faraday (1831) sowie der Erfindung des Telegrafen durch W.E. Weber und C.F. Gauß (1833) waren die physikalischen Grundlagen für den Bau von Elektromotoren und Generatoren sowie für die elektrische Nachrichtenübertragung geschaffen. Im Jahre 1848 gründete W. v. Siemens zusammen mit dem Mechaniker J.G. Halske in Berlin eine Fabrik, die sich zunächst mit der Herstellung von Telegrafeneinrichtungen beschäftigte und bald führend in der Entwicklung der Elektrotechnik wurde. Der allgemeine technische Fortschritt, insbesondere auf elektrotechnischem Gebiet, erweiterte die Experimentiermöglichkeiten der Physiker erheblich.

Nach der Dampfmaschine, die erst Industriebetriebe und Eisenbahnen ermöglichte, leiteten *Elektromotor, Generator* und die damit gegebene praktisch allgegenwärtige Verfügbarkeit elektrischer *Energie* zur Verrichtung von *Arbeit* die umfassende Industrialisierung ein.

Für die Wissenschaftler, die sich um Aufklärung von Naturerscheinungen bemühten, aber auch für die Öffentlichkeit war im letzten Jahrzehnt des vorigen Jahrhunderts ein Gebiet von besonderem Interesse, ja von magischer Anziehungskraft: die „strahlende Materie", die rätselhafte Strahlungen in den verschiedensten Farben aussandte, sogar „unsichtbare Strahlen".
Unter diesem Begriff wurden gegen Ende des vorigen Jahrhunderts

durchaus verschiedene physikalische Erscheinungen zusammengefaßt:
etwa die durch biologische und chemische Prozesse hervorgerufene
Phosphoreszenz (z.B in faulendem Fleisch, im Glühwürmchen, im
Phosphor, „Meeresleuchten" der Algen) oder die Fluoreszenz, die
Uransalze im Dunkeln leuchten ließ, bis hin zu den sehr farbigen und
geheimnisvollen Leuchterscheinungen, die in verdünnten Gasen im
elektrischen Feld in Glasröhren beobachtet wurden.

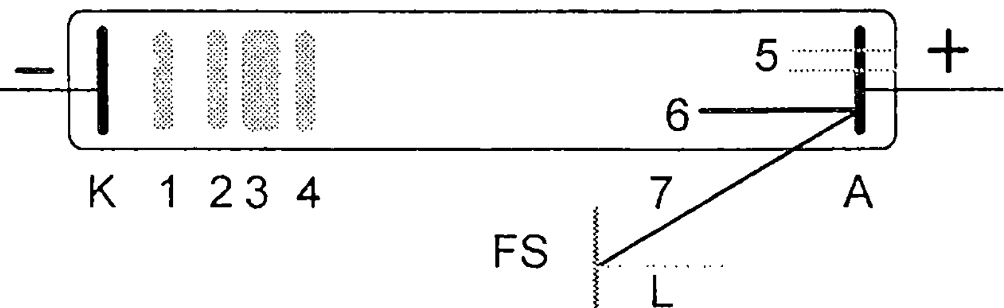


Fig. 1.1 Prinzipdarstellung der evakuierten Glasröhre und der daran beobachteten
Erscheinungen: A - Anode. K - Katode. L - sichtbares Licht, das vom
Fluoreszenzschirm FS ausgeht. 1,2,3,4 - Licht verschiedener Farbe. 5 -
Kanalstrahlen, die durch Kanäle in der Katode hindurchgehen und an der
Glaswand in Fluoreszenzlicht umgewandelt werden. 6 - Elektronenstrahl, 7 -
Röntgenstrahlung

Schauexperimente dazu fanden ein breites und sehr interessiertes
Publikum. Ergebnisse von Experimenten wurden nicht nur in wissenschaftlichen Zeitschriften publiziert; sie wurden oft auch in der Tagespresse ausgiebig beschrieben, ja sogar als Sensationen herausgebracht.

Für die Untersuchungen an evakuierten Glasröhren war der technische
Fortschritt in zweierlei Hinsicht bedeutend:
1. Die bessere Verfügbarkeit hoher elektrischer *Spannungen* bei nicht
   zu niedriger *Stromstärke* (*Leistung*),
2. die Möglichkeit, die Röhren zunehmend stärker zu evakuieren, d.h.
   das Gas  mehr und mehr zu verdünnen.
Je verdünnter das Gas, desto größer die freie Weglänge jedes Teilchens
(Moleküle, Atome, Ionen, Elektronen). Ein längere Zeit ungestört
fliegendes Elektron wird im elektrischen Feld stark beschleunigt und
bekommt dadurch eine immer höhere kinetische Energie. Ein Elektron,
das eine Spannung von 2V ohne Zusammenstoß durchflogen hat, erhält

dadurch eine zusätzliche Energie von 2 eV (eV ist eine in der Atomphysik noch gebräuchliche Energieeinheit) und kann, wenn es bei einem Zusammenstoß diese Energie an ein Atom abgibt, dieses zur Ausstrahlung eines Lichtquants mit der maximalen Energie von 2 eV anregen (orange-rotes Licht). Bei diesem Vorgang verhält sich das Licht wie ein Teilchen.

Bei höheren Elektronenenergien kann grünes, blaues, violettes und schließlich ultraviolettes Licht ausgestrahlt werden. Noch höhere Energien ermöglichen die *Ionisierung* von Atomen und Molekülen, und endlich erzeugen die hochenergetischen Elektronen, wenn sie im elektrischen Feld eines schweren Atoms abgebremst werden oder aus dem Atom ein kernnahes Elektron herausschlagen, *Röntgenstrahlung*, deren Quantenenergien zwischen einigen keV und einigen 100 keV liegt.

Die Röntgenstrahlen sind physikalisch von gleicher Natur wie ultraviolette Strahlung, sichtbares Licht, infrarote Strahlung sowie Mikro-, Radar-, Fernseh- und Rundfunkwellen. Sie haben sowohl Wellen- als auch Teilcheneigenschaften. Überraschenderweise hat sich später gezeigt, daß die Elektronen und andere kleine Objekte, die uns aus der Atom- und Kernphysik als Teilchen bekannt sind, auch Eigenschaften elektromagnetischer Wellen (wie z.B. eine Wellenlänge) besitzen; sie sind allerdings durch eine Ruhemasse ausgezeichnet. Die elektromagnetischen „Wellen" ohne Ruhemasse faßt man als *elektromagnetisches Spektrum* zusammen (Fig. 1.2). Die Teile dieses Spektrums können einerseits als elektromagnetische Wellen aufgefaßt werden, d.h., eine elektrische und eine magnetische Welle laufen miteinander verbunden durch den Raum. Zum anderen aber haben sie die Eigenschaften von Teilchen: sie lassen sich als Wellenpakete beschreiben, die eine feste Energie haben, die sich aus der Wellenlänge berechnen läßt. Sie sind kleinste Energiepakete, *Energiequanten, Photonen.*

Der Teilchencharakter nimmt in der Darstellung in Fig. 1.2 von unten nach oben zu. Für die unteren Bereiche sind die Energiequanten so klein, daß die Energiequantelung praktisch keine Rolle spielt. In den oberen Bereichen wird der Teilchencharakter immer wichtiger. Man spricht dann von Photonen, Gammaquanten usw. Viele Effekte kann man nicht erklären, wenn man die Energiequantelung nicht bedenkt.

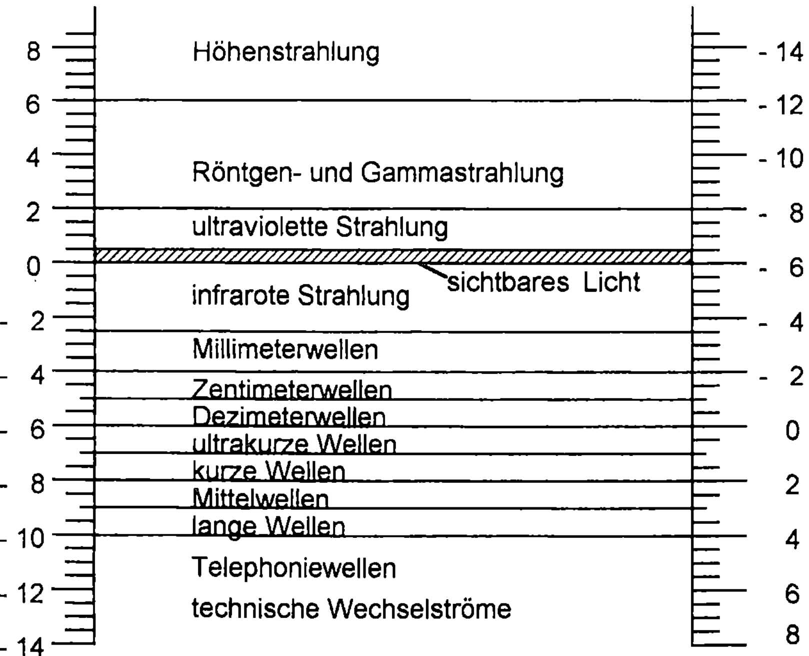


Fig. 1.2 Das elektromagnetische Spektrum. Es sind die dekadischen Logarithmen der Quantenenergie in eV (links) und der Wellenlänge in m (rechts) angegeben

Dies hat als erster der Berliner theoretische Physiker Max Planck erkannt. Auf dieser Grundlage leitete er die Plancksche Strahlungsformel ab und begründete die Quantentheorie.

Höhepunkt und in gewisser Weise auch krönender Abschluß des aufregenden Experimentierens mit verschiedenen Strahlungen, die in immer stärker verdünnten Gasen entstanden, war die Entdeckung Wilhelm Conrad Röntgens im Jahre 1895. Bei Untersuchungen an *Kanalstrahlen* mit einer experimentellen Anordnung, die andere Physiker kurz vor ihm oder gleichzeitig auch benutzt hatten, wurden Strahlen entdeckt, die unsichtbar waren und viele überraschende Eigenschaften hatten. Auch andere Forscher, die Kanalstrahlen untersuchten, haben ohne Zweifel in ihren Versuchen *Röntgenstrahlen* erzeugt, z.B. P. Lenard, der später versuchte, Röntgen die Priorität der

Entdeckung streitig zu machen. Röntgens Verdienst besteht jedoch darin, die Eigenschaften der neuen unbekannten Strahlung genau untersucht zu haben. Während andere sich damit begnügten, die Fluoreszenz, die an der Stelle des Glasgefäßes entsteht, auf die die Kanalstrahlen auftreffen, auch an dieser Stelle zu beobachten, benutzte er einen *Fluoreszenzschirm*, mit dem er den unsichtbaren Teil der aus der Röhre austretenden Strahlung  nicht nur in der Nähe der Glasröhre, sondern auch weit davon entfernt betrachten konnte. So stellte er fest, daß sich die Strahlen - wie Licht - geradlinig ausbreiten, daß sie aber undurchsichtige Körper  in unterschiedlichem Maße durchdringen können und dabei sogar Gegenstände sichtbar gemacht werden, die dem Auge verborgen sind.
Die Röntgensche Beschreibung der Strahleneigenschaften war so gründlich, daß in den nächsten Jahren trotz intensiver weltweiter Forschung keine wesentlich neuen Eigenschaften entdeckt werden konnten.

W.C. Röntgen zu Ehren wurde die Einheit der für die Einwirkung ionisierender Strahlungen entscheidenden Größe, der *Dosis*, mit seinem Namen benannt. Die *Dosiseinheit* 1 *Röntgen* (1 R) wurde 1928 auf dem Internationalen Radiologenkongreß in Stockholm eingeführt als:

> „Ein Röntgen ist eine solche Menge einer Röntgen- oder Gamma-Strahlung, daß die damit verbundene Korpuskularstrahlung (damit ist die Auslösung von Elektronen durch Photo-, Compton- bzw. Paarbildungseffekt gemeint) je 0,001293 g Luft Ionen in Luft erzeugt, die eine elektrostatische Einheit der Elektrizitätsmenge beiderlei Vorzeichens tragen."

Mit dieser Definition der Dosiseinheit für ionisierende Strahlungen anhand der Anzahl der in der Luft erzeugten elektrischen Ladungen war die Grundlage für eine zuverlässige und überall mögliche Messung der in Luft absorbierten Strahlenmenge („Dosimetrie") gelegt. Die auf diese Weise definierte Dosis wird als *Ionendosis* bezeichnet.

Im Jahre 1958 wurde vom Fachnormenausschuß Radiologie im Deutschen Normenausschuß eine Vornorm DIN 6809 veröffentlicht, in der im Anschluß an obige Definition festgelegt war:

> „Die Einheit der Ionendosis ist das Röntgen (R): 1 R = 2,58 x $10^{-4}$
> C/kg = 1 elektrostatische Einheit/ 1,293 mg Luft."

Es mußte also die durch die ionisierende Strahlung je Kilogramm Luft
erzeugte Ladung in Coulomb (C) gemessen werden, um die Ionendosis
zu bestimmen. Teilt man diese Ladungsmenge durch die Ladung des
Elektrons, die *Elementerladung, e* = 1,6 x $10^{-19}$ C, so ergibt sich der
Wert 1,61 x $10^{15}$ . Das ist die Zahl der je kg Luft erzeugten Ionenpaare
bei der *Ionendosis* 1 R. Da nun bekannt ist, daß die Energie zur
Erzeugung eines Ionenpaares in Luft im Durchschnitt 34 eV = 54,4 x
$10^{-19}$ J ist, so ergibt sich durch Multiplikation dieser beiden Zahlen die
Gesamtenergie, die der Ionendosis ein Röntgen entspricht zu 88 x $10^{-4}$J
= 0,0088 J je kg. Dies wird als *Energiedosis* bezeichnet. Später wurde
die gerundete Einheit 0,01 J/kg, die als rad (rd) bezeichnet wird (radiation absorbed dose), eingeführt. Der Ionendosis 1 R entspricht in Luft
für Röntgenstrahlen 1,14 rd, in Wasser 0,98 rd, in Weichteilgewebe
0,99 rd, in Knochen 0,5 rd /DEG 62/. Für die Cäsium-137-Strahlung
mit einer Quantenenergie von 0,67 MeV, die heute überall außerhalb
der Sperrzone um den havarierten Tschernobylreaktor so gut wie
100% der durch die Katastrophe entstandenen Strahlung ausmacht, gilt
die Beziehung 1 R = 1 rd. In diesem Sinne kann das Röntgen auch als
Energieeinheit aufgefaßt werden, und so wird es in den GUS-Staaten
bis heute benutzt.

> Seit 1977 ist international als *Energiedosiseinheit* 1 C/kg = 100 rd
> mit der Bezeichnung ein *Gray* (1 Gy) verbindlich eingeführt.

Henry Becquerel, der sich in Paris mit der Fluoreszenz von Uransalzen
beschäftigte, wurde durch Berichte über Röntgens Arbeiten Anfang
1896 angeregt, zu untersuchen, ob bei dieser Fluoreszenz auch
Röntgenstrahlen auftreten.

Er beobachtete tatsächlich Strahlen mit ähnlichen Eigenschaften, z.B.
der, schwarzes Papier zu durchdringen und danach wie sichtbares Licht
fotografische Schichten zu schwärzen. Es konnten Abbildungen aus
dem Innern undurchsichtiger Körper gewonnen werden, beispielsweise
von Metallringen, die in schwarzem Papier versteckt waren.

Trotzdem zeigte sich, daß die von den Uransalzen ausgehenden unsichtbaren Strahlen von anderer Art waren als die von Röntgen in Glasröhren erzeugten. Sie traten einfach aus einem Stück Erz heraus. Das Uranerz war strahlungsaktiv (= *radioaktiv*). Die physikalische Natur beider Strahlenarten konnte erst längere Zeit später aufgeklärt werden. Das Weltbild der Physik galt damals als weitgehend abgeschlossen, das Atom als unzerteilbar, während das Elektron noch unbekannt war.

Die Entdeckungen der Röntgenstrahlen und der Radioaktivität, die beide mit einem Nobelpreis belohnt wurden, paßten jedoch in dieses Bild nicht hinein. Sie lösten eine Krise der Physik aus und wurden zu Wendepunkten hin zu grundsätzlich neuen theoretischen Vorstellungen der Atom-, Kern- und Quantenphysik.
Die Entdeckungen Röntgens und Becquerels öffneten den Weg für viele grundlegend neue Erkenntnisse in Physik, Chemie, Biologie, Medizin, Kristallographie und in anderen Zweigen der Wissenschaft. Etwa 20 Nobelpreise für Physik, Chemie und Medizin sind direkt mit der Anwendung von Röntgenstrahlen verbunden.

Im Jahre 1914 erhielt M. von Laue diesen unter Forschern am meisten anerkannten Preis und zwar für Experimente, die er gemeinsam mit W. Friedrich und P. Knipping durchgeführt hatte: durch die Beugung von Röntgenstrahlen an Kristallen waren gleichzeitig die Natur dieser Strahlen als elektromagnetische Welle und die Kristallgitterstruktur der Festkörper nachgewiesen worden. Damit wurden Grundlagen für die moderne Festkörperphysik, die Kristallographie und für die Strukturaufklärung in der Chemie (auch organischer Moleküle) geschaffen.

Es kann hier nicht auf alle weiteren Nobelpreise zu diesem Komplex oder zu dem der Radioaktivität eingegangen werden. Erwähnt seien nur noch die an F. Crick, J.D. Watson und M.H. Wilkins 1962 für die Aufklärung der Struktur der *Desoxyribonukleinsäure* (DNS, englisch: DNA), des Trägers der Erbinformation, und an J. Deisenhofer, R. Huber und H. Michel 1988 für die Bestimmung der dreidimensionalen Struktur des Reaktionszentrums der Photosynthese in Bakterien.

Auch die Entdeckung der Radioaktivität regte immer neue Forschungen an. Zunächst stellte das Pariser Forscherehepaar Marie und Pierre

Curie fest, daß das Mineral Uranpechblende aus Joachimsthal (heute Jachymow, Tschechien) stärker radioaktiv war als Uransalze.
Sie konnten 1898 demonstrieren, daß zwei andere Elemente, die sie aus der Pechblende gewannen, höhere Radioaktivität zeigten als Uran. Diese nannten sie Polonium (nach der polnischen Heimat von Marie-Sklodowska-Curie) und Radium (das Strahlende). Sie fanden, daß das Radium chemisch dem Barium ähnelt und fast 1000mal stärker strahlt als Uran. Später wurde erkannt, daß Radium sogar mehr als eine Million mal stärker radioaktiv ist als das Uran. Im Jahre 1903 erhielten die Curies zusammen mit Henry Becquerel den Nobelpreis für die Entdeckung der Radioaktivität.
Marie Curie gelang es unter großen körperlichen Anstrengungen, genügend Radium aus einigen Tonnen Uranerz aus Joachimsthal zu isolieren und metallisches Radium herzustellen sowie dessen Eigenschaften zu untersuchen: Wie sie vorhergesagt hatte, war Radium ein Element. Heute wissen wir, daß es in der Zerfallsreihe des Uran-238 auftritt (Kapitel 6).
Für die Entdeckung des Radiums und des Poloniums, die Herstellung metallischen Radiums und für die Untersuchung der Eigenschaften von Radiumverbindungen erhielt sie im Jahre 1912 einen zweiten Nobelpreis. Damit steht sie in der Wissenschaftsgeschichte einzigartig da.

---

Auf dem internationalen radiologischen Kongreß im Jahre 1910 wurde ihr zu Ehren die *Einheit der Radioaktivität* als 1 *Curie* (1 Ci) festgelegt. Heute gilt die Einheit *Becquerel* (Bq) als Maß für die Radioaktivität. Ein Becquerel ist ein radioaktiver Zerfall je Sekunde. Die alte Einheit ist aber noch gebräuchlich (1Ci = 37 000 000 000 Bq = 37 GBq oder 1 nCi = 37 Bq oder 1kBq = 27 nCi). Die Einheit 1 Ci ist als die Strahlungsaktivität von 1 g reinem Radium-222 definiert.

---

Zur Zeit der Katastrophe in Tschernobyl wurde in der UdSSR die Radioaktivität noch in Curie (Ci) angegeben. Zwei Beispiele für Aktivitätswerte: Die insgesamt aus dem Reaktor entwichene Aktivität wurde zu 50 MCi = $1850 \times 10^{15}$ Bq = 1850 EBq bestimmt. Der Grenzwert für in die Europäische Union einzuführende Lebensmittel beträgt 600 Bq/kg = 16 nCi.

Radium wurde noch während der grundlegenden Arbeiten von Marie Curie sofort zu einem begehrten und sehr teuren Artikel. Es fand sowohl bei medizinischen Bestrahlungen als auch als Strahlenquelle für Forschungszwecke vielfältige Anwendung.
Innerhalb des nächsten Jahrzehnts entwickelten sich Radiumstrahlen zu einem Wunderheilmittel für alle Krankheiten, deren konkrete Ursachen nicht genau bekannt waren, darunter neben allen Krebsarten auch Bluthochdruck, Arthritis, Neuritis, Poliomyelitis, menopausale Leiden, die Hodgkinsche Krankheit und Dementia praecox. Dutzende Fabriken stellten Radiumpräparate für medizinische Zwecke her, die man in mehr als 100 Kliniken täglich mehrtausendfach anwendete. Auf dem Markt wurde Radium als Bestandteil von Mundwasser, Zahnpasta, Mineralwasser, Badezusatz, Haarwasser, Cremes, Salben und vielen anderen Artikeln angeboten.
Die österreichische Regierung verbot die Ausfuhr der Erze aus dem damals österreichischen Joachimsthal, um die teuren Radiumpräparate im eigenen Land produzieren zu lassen und aus deren Verkauf Profit zu erzielen.

An dieser Stelle sei eine Randbemerkung eingefügt: der Name Pechblende hatte für die Bergleute des Erzgebirges im Mittelalter einen doppelten Sinn. Einmal war er durch die schwarze Farbe des Materials (schwarz wie Pech) und seinen Glanz (Blende) gerechtfertigt. Zum anderen hatten sie einfach Pech (kein Glück), wenn sie in Verfolgung einer Silberader auf dieses Mineral stießen. Bekanntlich ist Joachimsthal durch seine Silbermünzen berühmt geworden: die „Joachimsthaler", später einfach „Thaler" genannt.
Nach dem 2. Weltkrieg wurde in Jachymow im Norden der Tschechoslowakei, wie auch in verschiedenen Orten im Süden der DDR, Uran gewonnen, das in der UdSSR verwendet wurde.

Bis 1920 meldeten sich nur vereinzelte Stimmen, die auf Krankheiten hinwiesen, die durch Radium- oder Röntgenstrahlen verursacht worden waren. In den 20er Jahren wurde dann immer deutlicher, daß gefährliche Krankheiten durch ionisierende Strahlungen ausgelöst werden können, was 1928 zur Gründung des Internationalen Komitees zum Schutz vor Radium und Röntgenstrahlen führte (später: International Commission on Radiological Protection - ICRP). Die ICRP arbeitete in der Folgezeit - und bis in die Gegenwart - Empfehlungen zum Schutz vor ionisierenden Strahlungen aus.

Eine rasante Entwicklung der Physik der Atomkerne, an der Ende der 20er Jahre nur wenige Wissenschaftler in der Welt arbeiteten, setzte 1929 ein. Von den deutschen Physikern W. Bothe und A. Becker wurde bei Bestrahlung von Beryllium mit *Alpha-Strahlen* eine neue Strahlung entdeckt, die die Eigenschaft hatte, starke Materieschichten zu durchdringen. In Paris stellte das Ehepaar Irène und Frédéric Joliot-Curie aus Polonium und Beryllium eine starke Quelle der Beryllium-strahlung her. Damit fanden sie eine neue Eigenschaft dieser rätselhaften Strahlung: sie schlug aus Wachs Wasserstoffatomkerne (*Protonen*) mit großer Geschwindigkeit heraus. Des Rätsels Lösung fand E. Rutherfords Mitarbeiter J. Chadwick im Jahre 1932. Er erkannte, daß die Berylliumstrahlung aus Teilchen besteht, deren Masse etwa gleich der Protonenmasse ist und die elektrisch neutral sind. Er nannte sie *Neutronen*. Diese Entdeckung markiert auch den Höhepunkt, die „goldene Zeit" der Atomforschung. Die Forschungen fanden fast ausschließlich in Frankreich, England und Deutschland statt, und es gab einen regen Austausch der Ergebnisse. Die Labore waren offen für Gastwissenschaftler. Es herrschte eine Atmosphäre der Zusammenarbeit und gleichzeitig des friedlichen Wettstreits um neue Erkenntnisse.

Im Jahre 1934 fanden Irène und Frédéric Joliot-Curie, daß mit Alpha-Teilchen bestrahltes Aluminium nach Entfernen der Strahlenquelle selbst radioaktiv war. Sie hatten erstmalig *„künstliche" Radioaktivität* erzeugt.
Es stellte sich bald heraus, daß insbesondere Neutronen die künstliche Radioaktivität auslösten. Sofort begann in Rom E. Fermi mit dem Bau einer Neutronenquelle und beschoß systematisch alle beschaffbaren chemischen Elemente. Bei den ersten Versuchen (mit den leichtesten Elementen) geschah nichts, doch dann fand er, daß von den untersuchten mehr als 60 der damals bekannten 90 Elemente gut 40 radioaktiv wurden.
Er machte dabei noch die Entdeckung, die später große Bedeutung erlangen sollte, daß die Einlagerung der Strahlenquelle samt Bestrahlungsobjekt (target) in ein viel Wasserstoff enthaltendes Medium (z.B. Wachs oder Wasser) die Strahlenwirkung vervielfacht

(heute sagen wir  Wasser wirkt als *Moderator*). Diese Arbeit wurde schon im Mai 1934 abgeschlossen, vier Monate nach dem ersten Bericht über die künstliche Radioaktivität. So schnell konnte zu dieser Zeit ein Forscher, der „gerade Zeit hatte", etwas Neues zu beginnen, auf eine Entdeckung der Kernphysik in einem anderen Land reagieren! So schnell war es möglich, eine kernphysikalische Apparatur aus dem Nichts heraus aufzubauen, damit grundlegende Experimente durchzuführen und erfolgreich abzuschließen.
Besonders anregend für andere Gruppen waren Fermis Ergebnisse bzgl. des Urans. Vier oder gar fünf Reaktionsprodukte hatte er gefunden, zwei davon waren bisher unbekannte Elemente.

In Paris fand Irène Joliot-Curie (die Tochter von Marie Curie) zusammen mit dem jugoslawischen Physiker Pavel Savitch, daß eines der Produkte sich wie Lanthan verhielt. Da sie es für unmöglich hielten, daß als ein Reaktionsprodukt Lanthan auftreten könnte, dessen Atom nur gut halb so groß ist wie das Uranatom, kamen sie zu dem Schluß, daß es sich um das chemisch ähnliche Actinium handeln müsse, das nur wenig kleiner als Uran ist.

Ähnlich erging es O. Hahn und F. Straßmann in Berlin, die als ein Bestrahlungsprodukt ein „Radiumisotop" erhielten, das sich chemisch wie Barium verhielt. Nach dramatischen Experimenten am Sonnabend, dem 17., und Montag, dem 19. Dezember 1938, stellten sie zweifelsfrei fest, daß tatsächlich Barium entstanden war, aus dem sich durch eine folgende Kernumwandlung nicht Actinium, sondern Lanthan bildete. Noch am Abend des 19. - während der Versuch zum Lanthannachweis andauerte - schrieb Hahn gegen Mitternacht einen Brief an L. Meitner, die jahrelang mit ihm zusammengearbeitet hatte, aber kurz zuvor als österreichische Jüdin nach Schweden flüchten mußte. Hahn schrieb: „Vielleicht kannst Du irgendeine phantastische Erklärung vorschlagen..."
Gleich nach dem Ende des Experiments zum Lanthannachweis verfaßten Hahn und Straßmann eine kurze Mitteilung, die sie schon am 22. Dezember an die Zeitschrift „Die Naturwissenschaften" absandten und die dort am 6. Januar 1939 erschien. Eine derart kurze Publikationszeit würde noch heute jeder wissenschaftlichen Zeitschrift zur Ehre gereichen!

Die Atomkernspaltung (Fig. 2.1) war entdeckt und sofort in der ganzen Welt bekanntgemacht worden.

Während der Weihnachtsfeiertage diskutierte Lise Meitner in Schweden mit ihrem Neffen Otto Frisch, der in der Gruppe von Niels Bohr in Kopenhagen arbeitete, die Ergebnisse von Hahn und Straßmann. Sie konnten berechnen, woher die bei der Spaltung des Urankerns freiwerdende Energie von etwa 200 Millionen Elektronenvolt (200 MeV) kommt. Diese Gedanken teilte Frisch, sofort nachdem er nach Kopenhagen zurückgekehrt war, Bohr mit, der gleich danach zum Schiff eilte, um in die USA zu reisen.

Nun überschlugen sich die Ereignisse. Während Frisch und Meitner ihre Rechnungen niederschrieben und am 16. Januar an die Zeitschrift „Nature" in London schickten, wo sie am 11. und 18. Februar 1939 erschienen, lösten Bohr und sein Reisegefährte Leon Rosenfeld in den USA mit den neuen Nachrichten einen Wettlauf unter amerikanischen Physikern aus. Jeder wollte als erster die hohen Spaltungsenergien finden und erklären.

Mit der Entdeckung der durch Neutronenstrahlung ausgelösten Kernspaltung, bei der pro Atom eine Energie frei wird, die etwa um den Faktor 100 000 000 größer ist als bei der chemischen Reaktion (Verbrennung), war die unbelastete Forschung auf dem Gebiet der Kernphysik endgültig zu Ende.

In der Sowjetuniun war auf Initiative des Physikers Abraham Joffe, der in Deutschland bei Röntgen gearbeitet und dann eine bedeutende Rolle bei der Entwicklung der sowjetischen Physik gespielt hatte, ab 1930 im Physikalisch-Technischen Institut (PTI) in Leningrad (heute St. Petersburg) ein kernphysikalisches Forschungsprogramm begonnen worden, dem Ende der 30er Jahre der Anschluß an das allgemeine Niveau der Kernforschung gelang. So berichteten L.I. Rusinow und G.N. Fljorow, zwei junge Mitarbeiter I.W. Kurtschatows, im April 1939 auf einem Neutronenseminar im PTI, daß die Zahl der Neutronen bei der Kernspaltung zwischen 2 und 4 liegt. Sie schlossen, daß diese Zahl ausreichend ist, um eine Kettenreaktion zu ermöglichen.

Im November 1939 trugen auf einer kernphysikalischen Konferenz Ju.B. Seldowitsch und Ju.B. Chariton (der zusammen mit P.L. Kapitza bei E. Rutherford in Cambridge gearbeitet hatte) auf einer kernphysikalischen Konferenz eine Arbeit zur Theorie der langsamen und der explosionsartigen Kettenreaktion vor, die sie noch im gleichen Jahr veröffentlichten.

Im Frühjahr 1940 wurde beim Präsidium der Akademie der Wissenschaften der UdSSR in Moskau eine „Sonderkommission für das Uranproblem" unter der Leitung des Direktors des Radiuminstituts in Leningrad gegründet, die u.a. die Aufgabe hatte, die Entwicklung von Methoden zur Abtrennung von Uranisotopen, die für die Kernspaltung geeignet waren, zu organisieren.

Inzwischen war durch die Machtergreifung Hitlers in Deutschland eine zunehmend gefährlichere Lage in Europa entstanden. Die aggressive Politik Hitlers im Lande und gegenüber den Nachbarstaaten sowie die immer stärkere Unterdrückung und Verfolgung der Juden in seinem Machtbereich wirkten sich auch auf die Forschung in Deutschland negativ aus. Dabei bildeten die Arbeiten auf dem Gebiet der Kernphysik keine Ausnahme. Viele hochbegabte Wissenschaftler aus Deutschland, Österreich, Italien und Ungarn gingen nach Dänemark, Frankreich und Großbritannien, später meist weiter in die USA, wo sie dann am Bau der Atombombe beteiligt waren.

## 1.2 Nukleartechnik und Nuklearmedizin

Schon kurz nachdem Röntgen Ende 1895 eine „neue Art von Strahlen" (englisch X-rays, im deutschen und russischen Sprachraum als Röntgenstrahlen bezeichnet) entdeckt und beschrieben hatte, begann weltweit die Anwendung dieser großen Entdeckung, die im Jahre 1901 mit dem ersten Nobelpreis für Physik belohnt wurde.

Bereits nach wenigen Jahren konnten Knochenbrüche in den führenden Krankenhäusern Europas und Amerikas vor der weiteren Behandlung geröntgt werden. Heute wird die Röntgentechnik weltweit in allen größeren medizinischen Diagnose- und Therapieeinrichtungen angewendet.

In den ersten Jahren nach der Entdeckung wurde die direkte Wirkung der Röntgenstrahlen intensiv untersucht, ebenso die der wenig später von Becquerel entdeckten, von Uranerzen ausgehenden Strahlen

(Radioaktivität der Materie). Gut- und *bösartige Geschwülste*, Gelenk-
erkrankungen, ja sogar Stellen starker Behaarung („Affenfell"), wurden
damit entfernt. Beispielsweise bei Oberlippenfurunkeln konnte diese
Behandlung lebensrettend sein.

Bei der Anwendung der Röntgenstrahlen verlief dann die Entwicklung
ganz ähnlich wie bei den Radiumstrahlen. In den ersten beiden Jahrzehnten dieses Jahrhunderts weiteten sich die medizinischen Anwendungen aus, wenn auch nicht in dem Maße wie beim Radium. Der
schlimmste Mißbrauch der Röntgenstrahlen war das sogenannte
Trichosystem, das in den zwanziger Jahren von einem New Yorker
Arzt ins Leben gerufen wurde. Er verlieh Röntgenapparate an Schön-
heitssalons, um unerwünschte Körperhaare zu entfernen. Die von
Kosmetikerinnen vorgenommenen Bestrahlungen haben vermutlich
tausenden Frauen schwerste Krankheiten gebracht.
Eine grobe Fehlanwendung der Röntgenstrahlung war bis zur Mitte
unseres Jahrhunderts die Möglichkeit, in Schuhgeschäften am Röntgen-
apparat zu prüfen, ob der Schuh gut paßt. Danach wurde man vorsich-
tiger. Dies war vor allem durch die Opfer unter den Röntgenphysikern
und Röntgenärzten bedingt.

Bis heute spielen *Röntgen-, Gamma-, Beta- und Neutronenstrahlen* bei
der *Krebstherapie* eine wichtige Rolle, obwohl die fortschreitende
Entdeckung schädlicher Wirkungen (Kap. 7) dieser Strahlungen Rönt-
genologen und Mediziner immer mehr zur Vorsicht bei der Strahlenanwendung zu diagnostischen, vor allem aber zu therapeutischen
Zwecken zwingt. Die vom Radium ausgehende Strahlung wird nur
noch selten für Bestrahlungen im Körperinneren genutzt. Die geschlossenen Präparate, die dabei verwendet werden, müssen nach Erreichen
der anzuwendenden Strahlendosis wieder aus dem Körper entfernt
werden.
Hauptsächlich wird die Strahlentherapie mit Bestrahlungsgeräten
durchgeführt, die eine Kobalt-60-Quelle in dicker Bleiumhüllung enthalten, welche sich während der Bestrahlung so um den Patienten bewegt, daß vor allem die gewünschten Stellen im Körper getroffen werden (Fig. 1.3). Schichten, die über der im Körper zu bestrahlenden
Stelle liegen, z.B. die Rippen bei *Lungenkrebsbestrahlungen* und stets
auch die Haut, erhalten dabei nicht nur eine geringere *Dosis*, sondern

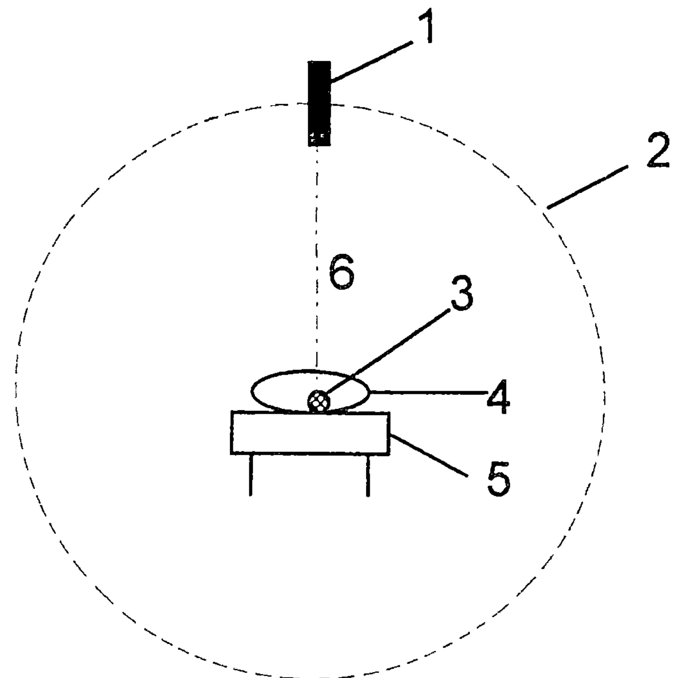

Fig. 1.3 Strahlentherapiegerät (schematisch): 1 - Bestrahlungskopf mit Strahlenquelle, kann auf der Kreisbahn 2 um den Patienten 4 herum bewegt werden, wobei
der Gammastrahl 6 immer den Tumor 3 treffen muß, 5 - Patientenliege

auch eine kleinere *Dosisleistung*. Der Bestrahlungskopf bewegt sich
dabei pendelartig auf einem Teil des Kreisbogens.

Nach der Bestrahlung haben die Patienten in der Regel unangenehme
Empfindungen. Oft kommt dann auch die Vermutung auf, zu stark bestrahlt worden zu sein. Daß dieses subjektive Empfinden manchmal
auch zutreffend ist, zeigen die folgenden Beispiele:

Am 9. Januar 1995 meldete die „Berliner Zeitung", daß in Düsseldorf
ein Radiologe und ein Medizinphysiker vor Gericht stünden, angeklagt
der fahrlässigen Tötung in 5 Fällen und vorsätzlicher Körperverletzung
in 21 Fällen: „Zu dem Fehler war es gekommen, als der Physiker die
Bestrahlungszeiten falsch berechnete." An diesem Beispiel sieht man -

falls die Anklage recht hat -, welche Folgen ein „kleiner Rechenfehler" bei der Anwendung *ionisierender Strahlungen* haben kann.

In einer norddeutschen Universitätsklinik gab es 1995/96 Beschwerden von Patienten über Schädigungen verschiedener Organe (u.a. *Blase* und *Harnleiter*) bei Bestrahlungen. Offenbar handelte es sich dabei um Gebärmuttertumore. Diese wurden früher von innen her bestrahlt, wodurch gesichert war, daß die Uteruszellen den Hauptteil der Strahlen absorbierten. Solche Behandlungen waren aber in verschiedener Hinsicht problematisch. Bei einer Bestrahlung von außen tritt andererseits immer eine erhebliche Belastung der danebenliegenden Organe auf (Fig. 1.3). Wenn diese deutlich empfindlicher sind (z.B. *Schleimhäute*) als der zu bestrahlende *Tumor* (Muskelgewebe), kann es leicht zu Schädigungen kommen. Hier sind sehr genaue Berechnungen der Dosis und sehr präzise Strahlführung notwendig.

Mit weniger Bedenken als beim Menschen werden Röntgen- oder Gammastrahlen zur Untersuchung verschiedenster Materialien benutzt, etwa zur Qualitätsprüfung von Schweißnähten an Rohrleitungen oder zur Feststellung von Hohlräumen in hochbeanspruchten Stahlteilen (z.B. Schiffsschrauben, Hochdruckkessel, Reaktorgefäße).
Bei der Zollkontrolle oder der Sicherheitskontrolle auf Flughäfen kann verstecktes Metall (z.B. Gold, Stahl oder Uran) leicht bei einer Durchleuchtung aufgefunden werden.

Röntgenstrahlen lassen sich auch bei Sortiermaschinen nutzen, die organisches Material, das zum größten Teil aus den leichtesten Elementen (Kohlenstoff, Wasserstoff und Sauerstoff) aufgebaut ist, von anorganischem Material trennen. Damit kann man z.B. Kartoffeln von Steinen oder Plasteabfälle von Metallteilen separieren. Die Möglichkeit zum Sortieren ergibt sich dadurch, daß schwerere Elemente die Röntgenstrahlung stärker streuen und absorbieren als leichte. Bei großen Atomkernen ist die Schwächung (= *Extinktion* = Absorption + Streuung) der Röntgenstrahlung stärker als bei kleinen. Die Ursachen dafür sind einerseits die höheren elektrischen Felder der schwereren Atomkerne, andererseits das Vorhandensein von Elektronen auf den inneren Schalen, die mit höherer Energie an den Kern gebunden sind.
Weit verbreitet ist heute die Nutzung *radioaktiver Isotope* als Spuren-

kennzeichner, sowohl in Medizin und Pharmazie als auch in der tier- und pflanzenkundlichen Forschung.

An Pflanzen sind Forschungen zum Grundprozeß der Photosynthese, der alles Leben auf der Erde ermöglicht, auf vielfältige Weise möglich. So kann nicht nur die Intensität der Photosynthese bei „Fütterung" der Pflanze mit $CO_2$, das in geringer Menge das *radioaktive Isotop* C-14 enthält, abhängig von äußeren Faktoren, wie Licht, Temperatur, Feuchtigkeit, verschiedenen Gasen, ionisierenden Strahlungen usw., gemessen werden, sondern es läßt sich auch der weitere Weg des Kohlenstoffs in der Pflanze verfolgen.

Es kann sowohl die räumliche Bewegung des aufgenommenen Kohlenstoffs, etwa wie schnell ein Abtransport aus dem Blatt in die Wurzeln erfolgt, festgestellt werden, als auch welche Verbindungen in welchen Mengen und auf welchen Wegen in der Pflanze synthetisiert werden. Denn das radioaktive Isotop ist leicht verfolgbar. Es markiert die Spur (in diesem Falle des Kohlenstoffs). Der Transport aus dem Blatt über den Stengel in die Wurzel kann sogar zerstörungsfrei durch außen angebrachte Zähler verfolgt werden.

Der Weg des von den Blättern bzw. Nadeln aus der Luft aufgenommenen Schadgases Schwefeldioxid läßt sich mit Hilfe des *radioaktiven Isotops* S-35 verfolgen. Dabei kann wiederum der räumliche Transport des Schwefels vom Blatt über den Stamm (z.B. in Kiefern) in die Wurzel zerstörungsfrei beobachtet werden. Nach Homogenisierung der Nadeln können die Wege der chemischen Umwandlungen des Schwefeldioxids ermittelt werden.

Auf ähnliche Weise ist der Weg jedes Nahrungsmittels oder Medikaments oder jedes mit der Nahrung aufgenommenen Stoffes im Körper von Mensch oder Tier verfolgbar. Wenn es sich dabei um organische Materialien handelt, etwa um ein Vitamin-Präparat, ist eine Markierung mit *radioaktivem* Wasserstoff oder Kohlenstoff möglich. Es ist leicht feststellbar, unter welchen Bedingungen das Präparat rasch wieder ausgeschieden wird, unter welchen anderen es vom Körper aufgenommen wird und wie schnell es dabei etwa ins Blut und in bestimmte Organe gelangt.

Eine andere wichtige Anwendung *radioaktiver Isotope* in der pharmazeutischen Industrie ist die Erkundung und Optimierung von Synthesewegen für bestimmte Pharmaka, die durch Mikroben erzeugt werden.
Ein Beispiel für nuklear-diagnostische Untersuchungen am Menschen ist der *Radiojodtest* zur Schilddrüsenfunktion. Dabei wird dem Patienten oral Jod mit Zusatz eines radioaktiven Jodisotops (1 bis 2 MBq Jod-131 oder etwa 10 MBq Jod-132) verabreicht. Nach bestimmten Zeiten (6, 24, 48 und 72h) wird die Radioaktivität der Schilddrüse gemessen. Der anfängliche Aktivitätsanstieg dient als Maß für die Jodaufnahme (Jodidphase). Im Speicherungsmaximum sind, je nach dem Zustand der Schilddrüse, 20 bis 80% der zugeführten Radioaktivität dort vorhanden. Der anschließende Rückgang der Aktivität dient als Maß für den Einbau des Jods in die Schilddrüsenhormone (Hormonphase). Zusätzlich kann durch die Messung der Aktivitätsverteilung Größe, Form und Lage der Schilddrüse genau bestimmt werden. Bei inhomogener Verteilung der Radioaktivität oder des zeitlichen Aktivitätsverlaufs sind Rückschlüsse auf Erkrankungen in Teilbereichen der Drüse möglich.
Die Überfunktion der Schilddrüse oder Tumore in der Drüse können strahlentherapeutisch behandelt werden. Dazu wird eine wesentlich höhere Aktivität Jod-131 oral verabreicht als beim Radiojodtest. Die im Drüsengewebe absorbierte relativ hohe Strahlendosis wirkt dann hemmend oder zerstörend auf das Gewebe (*Radiojodtherapie*).
Röntgenstrahlen und die aus radioaktiven Atomen austretenden *Neutronen-*, *Alpha-*, *Beta-* und *Gamma-Strahlen* werden heute zusammenfassend als *ionisierende Strahlungen* bezeichnet. Sie haben die charakteristische, gemeinsame Eigenschaft, auf ihrem Weg durch Materie diese zu ionisieren, d.h. Elektronen von Atomen und Molekülen abzuspalten oder auch Moleküle zu zerlegen. Wenn es sich dabei um Moleküle in organischem Material handelt, können schwerwiegende Folgen auftreten (z.B. Fehlsteuerung von Lebensprozessen, Genveränderungen).

Durch die *ionisierenden Strahlungen* werden gasförmige, flüssige und feste Nichtleiter (Isolatoren) leitfähig. Die Ionisierung wird vor allem zur Strahlungsmessung in Gasen genutzt (Geiger-Müller-Zählrohr). Dabei ist für ein Strahlungsquant die Anzahl der erzeugten Ionen um

so höher, je größer die Teilchen- oder Quantenenergie der Strahlung ist. Jedes Quant einer Kernstrahlung löst, wenn eine Spannung an der Röhre anliegt, einen Stromimpuls aus. Die Höhe dieses Impulses ist ein Maß für die Quantenenergie (Härte) der Strahlung.
Zur Messung der Strahlendosis dient oft die Umwandlung der Strahlenenergie in Licht in Festkörpern oder auch in Flüssigkeiten (feste oder flüssige *Szintillatoren*). Auch in diesem Fall kann sowohl die Quantenenergie der Strahlung (als Helligkeit des einzelnen Lichtblitzes) als auch die Gesamtstrahlungsenergie (Anzahl der Szintillationsblitze) gemessen werden.
Mit großen Festkörperszintillatoren wird gemessen, wenn der Gehalt des menschlichen Körpers an radioaktivem Cäsium zu bestimmen ist. Dabei plaziert man vor und hinter dem Oberkörper je einen großflächigen Zähler. Die mit den beiden Zählern gemessenen Werte werden miteinander verglichen und nur, wenn sie die gleiche Isotopenverteilung anzeigen, sind die Ergebnisse zuverlässig. Bei einer derartigen Messung können alle *radioaktiven Isotope*, die Gamma-Strahlung aussenden, gleichzeitig, aber getrennt voneinander, erfaßt werden.

So konnte z.B. bei den Messungen der Radioaktivität des Menschen, die von deutschen Experten in Weißrußland, Rußland und der Ukraine in der Folge der Tschernobylkatastrophe durchgeführt wurden, jeweils innerhalb einer Minute die Cäsium-Radioaktivität eines Menschen bestimmt werden. Diese kurze Meßzeit hat es ermöglicht, die Radioaktivität in einigen hunderttausend Personen zu messen. Das Foto auf Seite 10, im September 1992 aufgenommen, zeigt den Autor am Computer eines Meßgerätes. In dem Trailer sind neben der Meßanlage zur Personendosimetrie noch zwei Anlagen zur Radioaktivitätsbestimmung in Lebensmitteln und Umweltproben montiert.

Die Spur eines ionisierenden Teilchens in einem Gas kann in der Wilsonschen Nebelkammer sichtbar gemacht werden. Dadurch können Kernreaktionen anhand der Spuren der beteiligten Teilchen beobachtet werden. In dicken photographischen Schichten sind nach der Entwicklung die Kernspuren sichtbar, z.B. solche, die nach Kernreaktionen entstehen, wenn die verschiedenen Teilchen auseinanderfliegen. Aus Länge und Stärke der einzelnen Spuren kann auf die anfangs vorhandene Energie der Spurenverursacher geschlossen werden.

In Berlin war eine Arbeitsgruppe am Institut für Hochenergiephysik der Akademie der Wissenschaften lange Zeit damit beschäftigt, derartige Spuren von Kernprozessen in dicken photographischen Schichten auszuwerten. Die Schichten (Kernplatten) wurden einige Zeit in Flugzeugen in großer Höhe mitgeführt, dann entwickelt und mit Hilfe von Mikroskopen nach Spuren von Kernprozessen untersucht, die durch kosmische Strahlung ausgelöst worden waren. Die Untersuchungsergebnisse wurden mit Hilfe von Computerprogrammen dahingehend ausgewertet, ob die aufgezeichneten Kernreaktionen bereits bekannt oder neu waren. Dies war eine Möglichkeit, Kernprozesse ohne aufwendige Großgeräte zur Erzeugung hochenergetischer Strahlungen zu beobachten.

In der Höhe, in der Langstreckenflugzeuge normalerweise fliegen, ist die Dosisleistung etwa so groß wie auf dem Gelände des Kernkraftwerkes Tschernobyl. Diese bei Fachleuten allgemein bekannte Tatsache stellte auch eine britische Delegation fest, die mit Dosimetern ausgerüstet zu einem Informationsbesuch nach Tschernobyl flog /NUC 94/. Bei einem mehrstündigen Fernflug nimmt der Fluggast also ungefähr dieselbe Strahlendosis auf (die *Strahlenexposition* ist etwa genauso groß) wie bei einem mehrstündigen Aufenthalt in der Nähe des havarierten Reaktors auf dem Gelände des Kernkraftwerks.

# 2 Energie aus der Kernspaltung

## 2.1 Kernreaktoren und die ersten Atombomben

Die Entdeckung der *Kernspaltung durch Neutronenbeschuß* machte den Physikern in Europa und in den USA sofort klar, daß bei diesem Prozeß gewaltige Energiemengen freigesetzt werden.

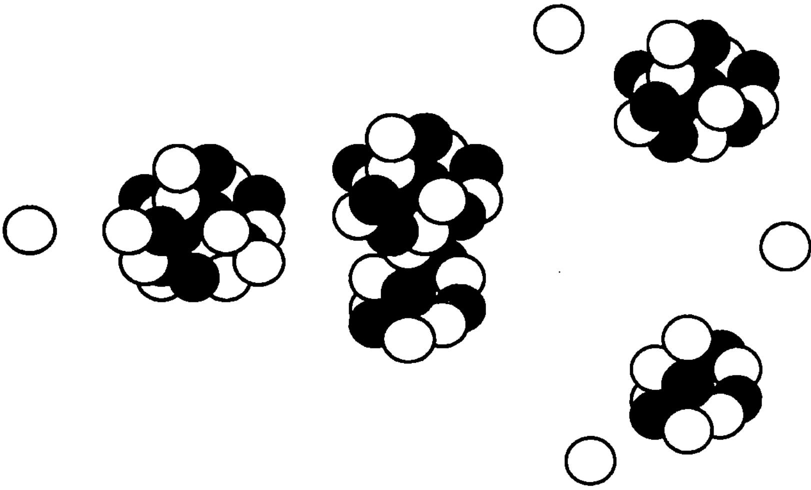

Fig. 2.1 Kernspaltung nach Einfang eines Neutrons. Durch den Neutroneneinfang wird der Kern angeregt, gerät in Schwingungen und spaltet sich in zwei etwa gleichgroße Bruchstücke. Dabei werden noch einige Neutronen frei. Die Spaltung kann z.B. nach folgender Gleichung erfolgen:

$$1\ {}^{1}_{0}n\ +\ 1\ {}^{235}_{92}U\ =\ 1\ {}^{89}_{36}Kr\ +\ 1\ {}^{144}_{56}Ba\ +\ 3\ {}^{1}_{0}n + ca.\ 200\ MeV$$

Da bei der Spaltung des Urankerns außer den zwei großen Bruchstücken auch einige Neutronen frei werden (Fig. 2.1), erkannte man auch bald die Möglichkeit einer Kettenreaktion.
Diese läuft nach folgendem Muster ab: ein Neutron führt zur Spaltung eines Urankerns, wobei zwei bis drei Neutronen frei werden. Wenn dadurch zwei bis drei neue Kerne gespalten werden, entstehen vier bis

sechs neue Neutronen. Die Zahl der Spaltungsreaktionen nimmt lawinenartig zu.

Derartige Prozesse sind aus der Chemie bekannt. Sie werden als Kettenprozesse bezeichnet. Entscheidend dafür, ob die Kettenreaktion schnell wieder abbricht, sich selbst erhält oder lawinenartig anschwillt, ist, wie viele der entstandenen Neutronen wieder eine Spaltung auslösen bzw. wie viele „unterwegs" verlorengehen.


*Die sich selbst erhaltende Kettenreaktion*

Um einen Kettenprozeß aufrechtzuerhalten, ist es notwendig, daß wirklich pro Spaltungsakt mindestens ein Neutron entsteht, das auch den Weg zu einem Urankern findet, der wieder reagiert.

Ist der *Neutronenmultiplikationsfaktor k*, die Zahl dieser Neutronen, kleiner als 1, so bricht die Kette ab. Wenn $k$ gleich 1 ist, kann die Kette aufrechterhalten werden, wenn der Reaktor genügend groß ist. Je größer $k$ ist, desto schneller setzt ein lawinenartiger Anstieg der Zahl der Kernspaltungsprozesse ein. Gleich nach der Entdeckung der Kernspaltung erschien die Steuerung der Kettenreaktion als durchaus möglich, da man wußte, daß die Zahl der Neutronen, die den Weg zum nächsten spaltbaren Kern findet, auf verschiedene Weise beeinflußt werden kann.

Nach Bekanntwerden der Ergebnisse von Hahn und Straßmann wurde in Deutschland, Frankreich, England und den USA versucht, eine derartige Kettenreaktion in Gang zu setzen. In den nächsten 10 Jahren waren in den führenden Ländern intensive Bemühungen darauf gerichtet, in einem Kernreaktor Neutronenmultiplikationsfaktoren gleich oder größer 1 zu erreichen und damit die sich selbst erhaltende Kettenreaktion zu realisieren.

Auf dem Wege dahin mußten aber noch erhebliche Hindernisse überwunden werden. Eines davon war, daß das natürliche Uran nur zu 0,71% das Isotop Uran-235 enthält, das sich nach Neutroneneinfang spaltet. Der Rest besteht aus Uran-238, das zwar auch Neutronen einfängt, aber sich nicht spaltet, sondern in ein anderes Element (Plutonium 239) umwandelt. Die vom Uran-238 eingefangenen Neutronen sind für die Kettenreaktion verloren und bremsen diese. Nur Uran-235 ist der richtige Kernbrenn- bzw. Kernsprengstoff. Allerdings kann auch das im Reaktor aus Uran-238 entstehende Plutonium-239 als Kernsprengstoff benutzt werden, wie später erkannt wurde.

Ein zweites Problem ergab sich daraus, daß beim Spaltungsprozeß energiereiche Neutronen entstehen. Sie fliegen schnell und durchdringen dicke Materieschichten (schwerer Atome). Von den benachbarten Uran-235-Atomkernen können sie kaum eingefangen oder abgebremst werden.
Dagegen werden sie in leichten Materialien wie Wasserstoff oder Kohlenstoff abgebremst und können dann von schweren Kernen durch Massenanziehung eingefangen werden.
Diese Eigenschaft leichter Elemente, Neutronen zu verlangsamen, kann man sich anhand der Stoßgesetze der Mechanik erklären. Bei einem Stoß gleichgroßer Körper, etwa zweier Billardkugeln, wird ein wesentlicher Teil der Geschwindigkeit der sich bewegenden Kugel auf eine vorher ruhende übertragen. Bei zentralem elastischem Stoß übernimmt die vorher ruhende Kugel die Geschwindigkeit der stoßenden Kugel, und letztere bleibt liegen. Trifft jedoch eine kleine Kugel auf eine sehr große, so bleibt die große liegen, und die kleine bewegt sich mit gleicher Geschwindigkeit (jedoch in anderer Richtung) weiter.

Wasserstoff (und damit auch stark wasserstoffhaltige Materialien wie Wasser oder Paraffin) hat darüber hinaus noch die Eigenschaft, Neutronen stark zu absorbieren. *Schweres Wasser* oder *Graphit* bremsen die Neutronen ebenfalls stark ab, absorbieren aber weniger und verringern somit den Neutronenabfluß, erhöhen den $k$-Wert und werden deshalb *Moderatoren* genannt. Außer Kernbrennstoff muß also eine wirksame Moderatorsubstanz in den Kernreaktor.
Wenn in dem Reaktor viele Kernspaltungsreaktionen ablaufen, wird auch viel Energie erzeugt. Die Energie fällt zunächst in Form von energiereichen Kernstrahlungen an. Die Kernstrahlungsenergie wird schnell in Wärme umgewandelt, und diese muß abgeführt werden, wenn der Reaktor sich nicht zu sehr erhitzen soll. Als *Kühlmittel* kann Wasser benutzt werden. Das Kühlmittel darf nicht zu viele Neutronen wegfangen.
Zur Vervollständigung ist im Reaktor noch eine Substanz erforderlich, die es gestattet, die Intensität der Kettenreaktion zu bremsen, d.h. die -

wenn es gewünscht wird - Neutronen absorbiert und damit die Kettenreaktion auf ein niedrigeres Niveau herunterfährt oder sogar ganz abbricht. Als ein derartiges *Absorbermaterial* kann z.B. Cadmium oder Bor dienen.

## *Der Wettlauf um die Atombombe*

Zuerst (1939/40) waren die Arbeiten zur *gesteuerten Kernspaltung* in Deutschland und Frankreich am weitesten vorangeschritten. Dann wurde aber Frankreich besetzt, und in Deutschland, das einen verheerenden Weltkrieg begonnen hatte, flossen die Mittel in ein Projekt, das vielleicht erst nach 10 Jahren eine neue Superwaffe liefern könnte, nicht besonders reichlich. Außerdem wanderten viele begabte Kernwissenschaftler aus Deutschland und anderen europäischen Ländern (Italien, Ungarn, Österreich, Frankreich, Dänemark) nach England und in die USA ab (A. Einstein, E. Fermi, E. Teller, O. Frisch, L. Szillard, R. Peierls, K. Fuchs, W. Bothe, u.a.). Führende deutsche Atomforscher wie O. Hahn und W. Heisenberg hatten kein Interesse daran, für Hitler eine Superbombe zu bauen und lenkten die Anstrengungen mehr auf grundlegende Forschungen. Diese hielten sie unter wissenschaftlichen Gesichtspunkten einfach für vordringlich.

In England legten 1940 zwei deutsch-jüdische Flüchtlinge (O. Frisch und R. Peierls) ein Memorandum vor, in dem sie den Bau einer Superbombe aus nahezu reinem Uran-235 vorschlugen und die dazu erforderlichen Schritte darlegten. Sie knüpften dabei an ein geheimes englisches Patent von L. Szillard aus dem Jahre 1934 an, in dem Wege zur Nutzung der Kernenergie dargelegt worden waren. Es wurde unter Teilnahme führender Kernphysiker (u.a. G. Thomson, J. Chadwick, J.D. Cockcroft) das MAUD-Committee gegründet, das am 10. April 1940 seine erste Sitzung abhielt und sofort nach einem theoretisch und experimentell ausgewogenen Plan zu arbeiten begann. Der Name dieses Committees wurde (wohl später) interpretiert als „Military Application of Uranium Detonation".
Die aus dem besetzten Frankreich geflohenen Mitarbeiter Joliots, Kowarski und Halban, die wichtige Erfahrungen und Materialien nach England mitgebracht hatten, erzielten in Cambridge am 16. Dezember

1940 (ziemlich genau zwei Jahre nach der Entdeckung der Kernspaltung) in einer großen Aluminiumkugel, die mit einer Uranoxidsuspension in *schwerem Wasser* gefüllt war, einen $k$-Wert von 1,06.
Man hätte also die Kugel nur größer bauen müssen, um eine sich selbst tragende Kettenreaktion zu erhalten. Das dafür nötige Uran und vor allem das schwere Wasser stand ihnen aber nicht zur Verfügung. Die britische Regierung war nicht willens oder nicht in der Lage, die erforderliche Unterstützung zu gewähren. Bis heute ist nicht völlig sicher, ob diese Gruppe wirklich einen $k$-Wert größer als 1 erreicht hatte. Jedenfalls erhielt sie in England - vielleicht auch aus Konkurrenzgründen, damit nicht Franzosen die erste sich selbst erhaltende Kettenreaktion in einem Kernreaktor herbeiführten - keine Möglichkeit, das Experiment mit einer größeren Uranmenge und mehr schwerem Wasser fortzusetzen. Nach langwierigen Verhandlungen ging diese Gruppe nach Montreal in Kanada, wo sie aber nach dem Umzug aus Großbritannien, der erst 1943 erfolgen konnte, auch wenig Unterstützung bekam. Beispielsweise wurde - trotz zugesagter Hilfe durch die USA - das für sie bestimmte schwere Wasser in das amerikanische Atomprojekt umgeleitet. Erst nach dem Krieg gingen von ihnen wichtige Impulse für die Kernforschungsprojekte in Kanada, Großbritannien und Frankreich aus.

Das britische Atombombenprojekt kam nur langsam voran. Für die als notwendige Voraussetzung der Bombenproduktion erkannte Abtrennung des Isotops Uran-235 vom Uran-238 und andere wichtige Aufgaben standen die Mittel angesichts der Blitzkriegsdrohung durch Deutschland nicht zur Verfügung. Andere Verteidigungsaufgaben waren kurzfristiger wirksam und daher wichtiger (z.B. die Nutzung der Radartechnik für die Flugabwehr). Im Juli 1941 erarbeitete das britische Committee einen Bericht über die Verwendung von Uran für die Bombe und einen zweiten über die Verwendung von Uran als Energiequelle. Der erstere fand große Beachtung in den USA und diente später den Amerikanern als eine wichtige Arbeitsgrundlage /MCK 89/.

Die Berichte über die Arbeiten in Großbritannien einerseits, über das deutsche Uranprogramm andererseits und das Wirken politischer Emigranten aus Europa überzeugten schließlich die USA-Regierung, in den Wettlauf um die Superbombe mit einzusteigen.

Einstein hatte schon am 2. August 1939 auf Veranlassung des aus Ungarn stammenden Physikers L. Szillard den Präsidenten der Vereinigten Staaten auf die Möglichkeiten zum Bau einer Atombombe aufmerksam gemacht. Der Brief wurde Roosevelt am 11. Oktober 1939 durch einen Vertrauten direkt überbracht. Der Präsident berief daraufhin eine Kommission zu dieser Frage, den Uranberatungsausschuß, unter Leitung von L. J. Briggs, dem Direktor des National Bureau of Standards. Der Uranberatungsausschuß erklärte nach wenigen Tagen, daß die Nutzung der Kernkraft zur Auslösung von Explosionen möglich, jedoch noch unbewiesen sei. Danach geschah in den nächsten Monaten in den USA in dieser Angelegenheit nichts.

Der britische Bericht vom Juli 1941 enthielt bereits das Konzept der *Kanonenrohrbombe*, d.h., an den Enden eines geschlossenen dicken Rohres sollte je eine unterkritische Menge Uran-235 untergebracht sein. Die Kernexplosion sollte durch das Zusammenschießen der beiden Uranmengen mit herkömmlichem Sprengstoff ausgelöst werden. In dem Bericht war die Aussage enthalten, daß eine Fabrik zur Abtrennung der erforderlichen Menge des leichteren Uranisotops für monatlich drei Bomben etwa 5 Mill. Brit. Pfund kosten würde. Eine solche Fabrik, die eine große Fläche beansprucht hätte, in Großbritannien zu bauen, wäre wegen der Bedrohung durch deutsche Bomber jedoch sehr gefährlich gewesen.

Neben dem Uran-235 war in Berkeley, USA, bereits im Jahre 1940 ein zweites Element entdeckt worden, das als Kernsprengstoff in Frage kam: das Plutonium-239. Es entsteht in größeren Mengen, wenn die Spaltung von Uran-235 in einem Gemisch, das viel Uran-238 enthält, stattfindet. Aus jedem Uran-238-Atom, das ein Neutron einfängt, entsteht nach einigen Umwandlungen ein Plutonium-239-Atom. Das Plutonium war zwar entdeckt, aber es gab noch keinen Weg, dieses Element in den erforderlichen Mengen herzustellen.

Der Juli 1941 wurde zum Wendepunkt im amerikanischen Atomenergieprojekt: V. Bush, Präsident des Carnegie Institute, einer privaten Forschungsinstitution, der im April von der US-Akademie der Wissenschaften ein Gutachten zum Atomprojekt hatte anfertigen lassen, gründete im Juni mit Ermächtigung des amerikanischen Präsidenten das ihm unterstellte Amt für die Koordinierung der militärischen Forschung, das im weiteren eine wichtige Rolle für die Beschleunigung des Kernforschungsprogramms und vor allem bei der Organisation der technischen Realisierung des Bombenprojekts spielte. Dieser letzte Schritt erforderte eine Vervielfachung der bereitzustellenden Mittel um mehr als das Tausendfache (von einigen hunderttausend auf einige Milliarden Dollar).

Diesen Schritt konnten sich mitten im Weltkrieg, an dem seit dem 7. Dezember 1941 auch die USA beteiligt waren, weder Großbritannien, noch Japan, noch Deutschland oder Rußland leisten, von dem besetzten Frankreich gar nicht zu reden.

Im Mai 1942 wurden von den führenden Wissenschaftlern der USA fünf Wege gesehen, um den erforderlichen Sprengstoff herzustellen: mit drei verschiedenen Methoden konnte man die beiden Uran-Isotope trennen oder auf zwei Wegen Plutonium-239 erzeugen (im Uran-Graphit- oder im Uran-Schwerwasser-Reaktor), das dann noch vom Uran abgetrennt werden mußte. Die Wissenschaftler empfahlen, sicherheitshalber alle fünf Wege zu beschreiten, damit die Deutschen, von denen man annahm, daß sie zwei Jahre Vorsprung hätten, wenigstens auf einem Wege überholt werden könnten.

Die verantwortlichen Regierungsvertreter und das Kriegsministerium billigten diese Vorschläge. Nun wurde das Heer zusammen mit großen Industriefirmen eingeschaltet und mit der Realisierung betraut. Oberst L.R. Groves wurde zum Brigadegeneral befördert und zum Leiter dieses möglicherweise kriegsentscheidenden Projektes ernannt.

Große Flächen wurden von der Armee zur Verfügung gestellt, und zehntausende Menschen begannen mit dem Aufbau gigantischer Anlagen, während die Wissenschaftler noch dabei waren, die Voraussetzungen zu schaffen.

Inzwischen war am 2. Dezember 1942 an der Universität Chicago erstmalig eine sich selbst erhaltende Kettenreaktion in dem unter Leitung von Enrico Fermi erbauten Kernreaktor gelungen. Nach einer kurzen Lernphase an diesem Reaktor existierte nun die Möglichkeit, sehr viel größere Reaktoren zu bauen und damit die Plutoniumproduktion aufzunehmen. Für die Abtrennung des Plutoniums vom Uran mußten nach Schaffung der wissenschaftlich-technischen Voraussetzungen nochmals riesige Anlagen gebaut werden.

Anfang 1945 bestand die Aussicht, daß noch im gleichen Jahr Plutonium für mehrere Bomben hergestellt werden konnte. Die eigentlichen Bomben wurden in Los Alamos gebaut: die Uranbombe „Little Boy", ca. 2 m lang vom Kanonenrohrtyp, und die Plutoniumbombe „Fat Man", nur wenig länger. In einem bauchigen Metallkörper sollte das Plutonium durch herkömmlichen Sprengstoff in der Mitte des Bombenkörpers konzentriert werden, um dort die nukleare Explosion auszulösen. In der Figur 2.2 sind die Größenverhältnisse dieser beiden Bomben im Vergleich zu einem Menschen und zur späteren sowjetischen Wasserstoffbombe dargestellt.

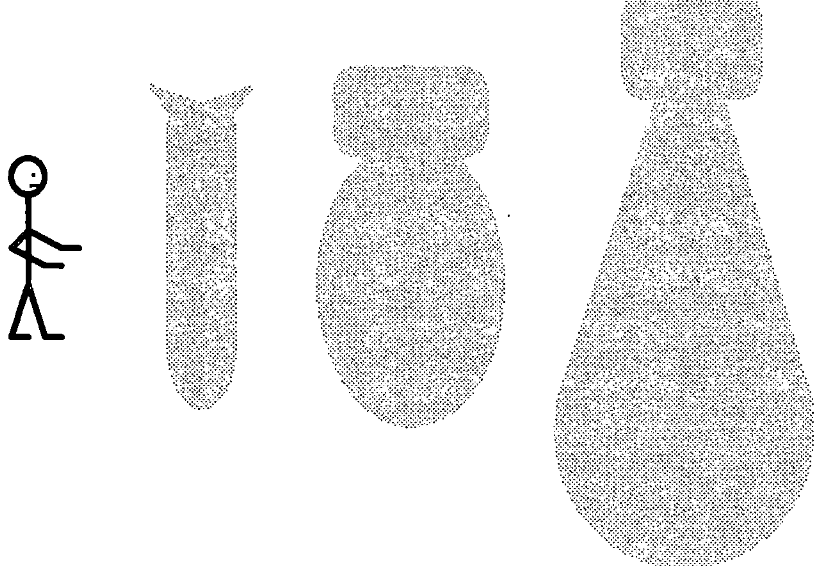

Fig. 2.2 Schematische Darstellung von Atombombenformen

In der sowjetischen Bombe war der Kernsprengstoff in einem tropfenförmigen, etwa 4 m langen Metallkörper untergebracht. Am Ende jeder Bombe befand sich ein Stabilisator, der den gleichmäßigen Fall sichern sollte.

Erst im Juni 1945, mehr als einen Monat nach dem Ende des Krieges in Europa, waren die Anlagen zur Trennung der Uranisotope betriebsbereit. Danach benötigte man nur noch wenige Wochen, um die erforderlichen 60 kg Uran-235 für „Little Boy" bereitzustellen. Nun konnte die Bombe nicht mehr gegen Nazideutschland eingesetzt werden.

Beim Uran reichte das hergestellte Material nur für eine Bombe, so daß eine Versuchsexplosion im Juli 1945 unmöglich war. Deshalb entschloß man sich zu einem Test mit einer Plutoniumladung. Dieser wurde für den amerikanischen Unabhängigkeitstag, den 4. Juli 1945, unter der Leitung R. Oppenheimers vorbereitet, mußte aber mehrfach verschoben werden.

Der Test („Trinity" = Dreieinigkeit) fand schließlich am 16. Juli frühmorgens um 5.30 Uhr statt. Die Generale Groves und sein Stellvertreter Farrell waren begeistert. Die Ausgabe von Milliarden Dollar und die Arbeit von Zehntausenden Wissenschaftlern und Technikern hatte sich gelohnt. Die erwartete Superwaffe war geschaffen, mit der sich nun der Krieg gegen Japan gewinnen ließ.

Unter den beteiligten Wissenschaftlern, vor allem unter denen, die vor dem Hitlerregime aus Europa geflohen waren, war die Stimmung weit weniger euphorisch, z.T. sogar diametral entgegengesetzt. Einige schlugen vor, diese Waffe niemals einzusetzen, den Krieg gegen Japan durch eine Demonstration dieser schrecklichen Waffe zu beenden und danach im beginnenden Frieden ein weltweites Übereinkommen zur Nichtanwendung von Kernwaffen zu erreichen.

Unter dem amerikanischen Präsidenten Roosevelt war über den eventuellen Einsatz der Kernwaffen nicht entschieden worden. Nach dessen Tod hatte der neue Präsident Harry S. Truman schon im Mai 1945 ein „Interim Committee" unter der Leitung des Kriegsministers Henry L. Stimson eingesetzt, das Empfehlungen für den Kernwaffeneinsatz erarbeiten sollte. Die Wissenschaftler, welche die Kernwaffen entwickelt hatten, A.H. Compton, E.O. Lawrence, E. Fermi und R. Oppenheimer, gehörten diesem Committe nicht an, wohl aber seinem wissenschaftlichen Beirat.

Das Committee beschloß, die erste Bombe ohne Vorwarnung auf eine große japanische Stadt abzuwerfen. General Groves wollte, daß hierfür Kyoto ausgewählt wurde. Stimson verbot aber, Kyoto in die Liste der Ziele aufzunehmen, und verhinderte auch während der Potsdamer Verhandlungen von Potsdam aus, eine Atombombe auf Kyoto zu werfen.

Der Bericht über den Trinity-Test von Groves erreichte Präsident Truman am 21. Juli in Potsdam. „Als er nach der Lektüre dieses Berichts zur Sitzung kam, war er ein anderer Mensch. Er erklärte den Russen einfach, wo sie weitermachen oder einhalten sollten und beherrschte generell die ganze Sitzung" (Churchill).
Wie Stalin darauf reagierte, ist nicht bekannt. Es kann aber angenommen werden, daß er etwa zu diesem Zeitpunkt - vielleicht von Potsdam aus - den Übergang vom Kernforschungsprogramm zur technischen Herstellung der Kernwaffen anordnete. Diese begann unmittelbar danach, wozu neben den Kernwissenschaftlern viele technische Spezialisten aus der Armee und der Rüstungsindustrie eingesetzt wurden. Auch für die UdSSR muß davon ausgegangen werden, daß die Herstellung der Bomben mehr als das tausendfache jener Mittel erforderte, die für die Schaffung der wissenschaftlichen Voraussetzungen aufgewandt worden waren. Diese Aufwendungen hatte sich die UdSSR im Kriege nicht leisten können. Sicher war es für das stark zerstörte Land unmittelbar nach Kriegsende außerordentlich schwer, diese Mittel aufzubringen.

Truman befahl am 24. Juli von Potsdam aus, die erste Bombe ab 3.August, sobald das Wetter es erlaubte, über Japan abzuwerfen.
Hiroshima war die Nummer 1 auf der Zielliste. Über dieser Stadt wurde am 6. August 1945, um 9.15 Uhr, „Little Boy" von einem Bomber des Typs B-29 abgeworfen.
Die Bombe mit dem makabren Namen „kleiner Junge" wog etwa 4 t und enthielt eine Uran-235-Menge von der Größe eines Fußballs (60 kg). Der „kleine Junge" explodierte in etwa 600 m Höhe und tötete in wenigen Sekunden mehr als 100 000 Menschen. In den folgenden Minuten, Stunden und Tagen kamen noch einige Zehntausende qualvoll ums Leben. Praktisch wurde ihnen wie auch den weiteren tödlich Strahlenkranken keinerlei medizinische Hilfe zuteil.
Die Flugzeugbesatzung erlebte in etwa 10 000 m Höhe den gewaltigen Lichtblitz während der Explosion. Die Maschine wurde nacheinander von zwei heftigen Stößen erschüttert. Der erste war durch die Stoßwelle der Explosion, der zweite durch deren Reflexion am Boden bedingt.

Die amerikanischen Militärs beeilten sich, eine zweite Atombombe auf

Japan abzuwerfen. Da eine weitere Uranbombe nicht zur Verfügung stand, wurde - als die erforderliche Plutoniummenge verfügbar war - der Bombenabwurf am 9. August ausgeführt. Als Ziel war Kokura vorgesehen; wegen Nebels flog die B-29 jedoch weiter und warf um 11.05 Uhr die Bombe auf Nagasaki ab. Sie enthielt etwa 8 kg Plutonium und entsprach damit ungefähr der Masse einer Eisenkugel, wie sie beim Kugelstoßen verwendet wird. Die Bombe detonierte in einer Höhe von etwa 500 m. Hiroshima wurde zu über 60% zerstört, Nagasaki wegen des weniger ebenen Geländes und der geringeren Explosionshöhe „nur" zu etwa 45%. Insgesamt fanden mehr als 200000 Menschen den Tod. Viele der Opfer starben - je nach der erhaltenen Strahlendosis - Stunden, Tage oder auch Wochen nach dem Bombenabwurf einen qualvollen Tod an der akuten Strahlenkrankheit (Abschn. 7.3).

Darüber hinaus erlitten viele Einwohner Strahlendosen, die nicht tödlich waren. Die mit kleineren als der tödlichen Dosis bestrahlten Menschen litten meist noch Jahre und Jahrzehnte an den Spätfolgen. Oft brachen bei diesem Personenkreis Krebserkrankungen erst viele Jahre nach der Bestrahlung aus (Abschn. 7.2). Über die Leiden der mit tödlicher Strahlendosis Getroffenen, die einige Stunden oder Tage nach den Bombenabwürfen starben, sind uns keine detaillierten medizinischen Berichte bekannt. Sofort nach Kriegsende entsandten die USA als Besatzungsmacht eine medizinische Kommission, die den weiteren Krankheitsverlauf bei den Strahlenopfern erfaßte. Man verbot den Japanern bis 1951 alle Veröffentlichungen über die Schäden und auch über die medizinischen Befunde der Opfer der Atombombenabwürfe.

## 2.2 Die Nachkriegsentwicklung

Nach der Kapitulation Japans wurde unter Präsident Truman zügig an der Weiterentwicklung der Atombomben gearbeitet. Er erklärte im Oktober 1945 vor dem Kongreß, daß die USA künftig mit niemandem das Atomgeheimnis teilen würden. Außerdem wäre dieses Geheimnis für die anderen sowieso wertlos, weil nur die USA das wissenschaftliche und wirtschaftliche Potential besäßen, das für den Bau von Atombomben erforderlich sei.

Nach diesem Konzept werden beschleunigt weitere Bomben immer neuer Typen gebaut und erprobt. Im Sommer 1946 führen die USA auf dem bis dahin paradiesischen Bikini-Atoll die ersten Atombombenversuche im Frieden durch. Hier wird Schiffe versenken gespielt, mit Atombomben. Mit Beuteschiffen und eigenen nicht mehr benötigten wird ein großer Flottenaufmarsch veranstaltet. Der deutsche schwere Kreuzer „Prinz Eugen", das japanische Mammut-Schlachtschiff „Nagato", Flugzeugträger, Zerstörer, U-Boote, Landungsfahrzeuge, das alte amerikanische Linienschiff „New York" aus dem Jahre 1912 und viele andere. In der Mitte ist das USA-Schlachtschiff „Nevada" rot angestrichen, damit das Ziel von den Piloten gut ausgemacht werden kann. Für dieses Seekriegsspiel mag die Erinnerung an Pearl Harbour und die Vernichtung der USA-Flotte durch den japanischen Bombenüberfall eine Rolle gespielt haben. Vielleicht wollten die amerikanischen Militärs zeigen, daß sie nunmehr mit Atombomben viel besser Flotten versenken können?

Die Versuche „Anna" und „Berta" sind vorgesehen. „Anna" findet am 1. Juli 1946 statt. Eine Atombombe wird über dem Zielgebiet gezündet. Ein Feuerball, ein riesiger Pilz, steigt bis in eine Höhe von 12 km empor.

Die Marineoffiziere sind enttäuscht. Nur wenige Schiffe der Zielflotte konnten versenkt werden. Riesige Mengen der sehr gefährlichen radioaktiven Spaltprodukte sind bis in die Stratosphäre gelangt. Auf den Beobachtungsschiffen und -flugzeugen wird vieles radioaktiv.
Aber am 25. Juli folgt ein zweites Experiment: „Berta". Diesmal wird eine Atombombe unter Wasser gezündet. Eine ungeheure Wasser-Wasserdampf-Säule von etwa 1 km Höhe steigt empor und regnet auf die Flotte hernieder. Nur eines der Großschiffe sinkt sofort. Die Radioaktivität über dem Testgebiet ist so riesengroß, daß die Beobachtungsflugzeuge nicht eingesetzt werden können. Auf den Beobachtungsschiffen wird alles derart radioaktiv, daß die aufwendige Entaktivierungsaktion kaum hilft, bei der die Farbe von den Stahlteilen entfernt und das Holz der Schiffsplanken einen halben Zentimeter tief abgetragen wird. Die Flotte, die versenkt werden sollte, ist noch immer da, und sie wird auch für Jahre bleiben, denn die Radioaktivität auf den Schiffen ist derart hoch, daß man sie weder betreten noch abschleppen

kann. Niemand weiß, welche ungeheure Mengen Radioaktivität bei diesen beiden Versuchen verantwortungslos freigesetzt worden sind und was im Meer daraus geworden ist. Welche gesundheitlichen Schäden die vielen Beobachtungssoldaten und ihre Nachkommen davontragen, ist bis heute wenig bekannt.

Nach dem Ende des 2.Weltkrieges setzte in England und Frankreich, vor allem aber in der Sowjetunion - provoziert durch die Haltung Trumans - mit großem Aufwand eine beschleunigte Arbeit an den eigenen Kernforschungsprogrammen ein.

Die britischen und französischen Wissenschaftler, die in den USA und in Kanada an Kernforschungsprogrammen mitgearbeitet hatten, brachten in ihren Ländern relativ bald Kernreaktoren zum Laufen. In Großbritannien wurde nach der schnellen Gründung eines Kernforschungszentrums in Harwell im Jahre 1946 in Windscale/Cumbria (heute Sellafield) mit dem Bau von Reaktoren für die Plutoniumproduktion und einer Fabrik für die Trennung des Plutoniums vom abgebrannten Uran begonnen. Der erste Reaktor ist im August 1947 betriebsbereit, doch da läuft der erste sowjetische bereits einige Monate, nur weiß das im Westen keiner.

Später wurde eine Isotopentrennanlage in Capenhurst/Cheshire gebaut, um Uran-235-Kernsprengstoff zu erzeugen. Am 3. Oktober 1952 wurde die erste britische Atombombe auf den Monte-Bello-Inseln in der Nähe Australiens gezündet.

In Frankreich betrieb General de Gaulle die Herstellung von Kernwaffen und ließ zu diesem Zweck das Commissariat â l'Energie Atomique (CEA) bilden. Trotz großer Schwierigkeiten in dem stark kriegsgeschädigten Land wurde vor allem durch die aus Amerika zurückgekehrten Wissenschaftler erreicht, daß der erste Reaktor am 15. Dezember 1948 kritisch wurde. Frédéric Joliot-Curie, der zum Hochkommissar für Atomenergie ernannt worden war, leitete die Arbeiten. Der einflußreiche Kernphysiker und Nobelpreisträger, der während des Krieges zum Kommunisten geworden war, behinderte jedoch die schnelle Entwicklung von Kernwaffen. Auch nachdem man ihn 1950 wegen seiner öffentlichen Erklärung, daß er sich an der Entwicklung von Kernwaffen nicht beteiligen würde, entlassen hatte, dauerte es noch bis zum

Februar 1960, bis in der Sahara die erste französische Atombombe gezündet wurde.
Das unter strengster Geheimhaltung 1943 in einer für das Land sehr schwierigen Situation gestartete Programm der UdSSR für die Kernwaffenentwicklung führte am 25. Dezember 1946 zur ersten sich selbst erhaltenden Kettenreaktion.

Das sowjetische Kernwaffenentwicklungsprogramm konnte auf einer breiten kernphysikalischen Grundlagenforschung aufbauen, die 1941 etwa den gleichen Stand wie in England, Frankreich oder den USA hatte, mit Kriegsausbruch jedoch fast völlig eingestellt wurde.
Nach dem Sieg bei Stalingrad waren im Februar 1943 die sowjetischen Atomkernwissenschaftler alle wieder zusammengefaßt worden, und es begann ein neues Forschungsprogramm, diesmal mit dem Ziel, so schnell wie möglich Kernwaffen herzustellen. Ein wichtiges Nebenziel der sowjetischen Forschungs- und Entwicklungsarbeiten blieb aber auch die industrielle Nutzung der Kernenergie.

Nachdem der zweite Weltkrieg in Europa beendet war, wurde das Programm der UdSSR zur Kernwaffenentwicklung durch starke Konzentration von Menschen und materiellen Mitteln außerordentlich beschleunigt, woran auch deutsche Spezialisten teilnahmen, die unmittelbar nach Kriegsende in die UdSSR kommen mußten, darunter Manfred von Ardenne, Alfred Recknagel, Max Steenbeck, Fritz Bernhard und Nobelpreisträger Gustav Hertz. Nach ihrer Rückkehr aus der UdSSR waren diese Wissenschaftler ab 1955 und auch Klaus Fuchs, der am amerikanischen und englischen Kernwaffenentwicklungsprogramm teilgenommen hatte, führend in der Entwicklung der physikalischen Forschung der DDR, wo jedoch wegen der begrenzten finanziellen Möglichkeiten nur in relativ geringem Umfang kernphysikalische Forschung betrieben werden konnte.

In der UdSSR fand am 29.August 1949 die erste Kernwaffenexplosion statt. Der Zeitpunkt entsprach zwar  etwa den Erwartungen der Experten, die in den USA die ersten Kernwaffen entwickelt hatten - der deutsche Physiker Bethe hatte bei Kriegsende in Los Alamos geschätzt, daß die UdSSR drei bis sechs Jahre brauchen würde -, löste aber trotzdem einen Schock bei westlichen Politikern aus, die zum Opfer ihrer eigenen Propaganda geworden waren und das USA-Kernwaffenmonopol als stärkste Waffe im „kalten Krieg" propagiert hatten.

Insgesamt wurden bei den beiden Supermächten, in England, in Frankreich und später in China gewaltige materielle und menschliche Ressourcen eingesetzt, um Kernwaffen zu entwickeln.

Nicht nur beim ersten - und hoffentlich einzigen - Kriegseinsatz der Kernwaffen gab es viele Opfer (ihre genaue Zahl wird sicher für immer unbekannt bleiben), sondern auch bei der Entwicklung und Erprobung der Kernwaffen. Meist wurden Soldaten und junge Offiziere zum Absperren des Versuchsgeländes vor, während und nach den Explosionen eingesetzt. Sie mußten auch einen großen Teil der Beobachtungs-, Bewertungs- und Aufräumungsarbeiten übernehmen. Der Strahlenschutz wurde dabei wenig beachtet. Die Regierungen aller beteiligten Länder, insbesondere die der USA, der UdSSR (später Rußlands) und Großbritanniens, haben von Anfang an versucht und versuchen noch immer, die gesundheitlichen Schäden der Opfer nach Möglichkeit geheimzuhalten. Noch heute - nach allmählicher Aufhebung der Geheimhaltung - kämpfen deren Organisationen um die Anerkennung der überlebenden Opfer und um wenigstens teilweise Entschädigung. In Leningrad (heute St. Petersburg) hat ein durch die Kernwaffenversuche in den Orenburger Steppen Geschädigter in den 80er Jahren eine Organisation zur sozialen und medizinischen Hilfe für die Opfer der sowjetischen Kernwaffenversuche aufgebaut. Nicht zuletzt durch die Initiative dieser Organisation wurde 1991 vom Obersten Sowjet der UdSSR ein Gesetz zur Entschädigung dieses Personenkreises angenommen. Im September 1995 lagen in den Archiven dieser Organisation schon Unterlagen von mehr als 7000 Geschädigten.

Zu den Opfern der Kernwaffenversuche gehören neben den an den Tests Beteiligten auch die Einwohner Bikinis. Im Jahre 1966 erhielten sie die Erlaubnis, auf ihre Insel zurückzukehren. Obwohl sie sich dort weitgehend von Konserven und importierten Lebensmitteln ernährten, erkrankten viele, und 1978 mußte zugegeben werden, daß die Inseln noch für weitere 30 bis 60 Jahre unbewohnbar sind. In den USA, der Sowjetunion und Australien (britische Atombombenversuche) und sicher auch in China sind weite Gebiete so stark radioaktiv verseucht, daß immer wieder Menschen geschädigt werden, was oft erst sehr viel später bemerkt wird. So wurde im Jahre 1994 das Versuchsgelände in den Steppen Kasachstans 120 km westlich von Semipalatinsk, von einer IAEA-Kommission untersucht und als teilweise unbesiedelbar befunden. Durch dieses Gebiet ziehen jedoch Nomaden. Sie schlagen ihre Zelte dort auf, wo ihnen der Ort für die Herden geeignet erscheint. Natürlich haben sie keine Strahlenmeßgeräte bei sich.

Fig. 2.3 Diese Fotografie zeigt eine verlassene Lungenheilstätte in einem parkartigen Gelände in der Nähe der Kreisstadt Novosybkow in Südwestrußland, die in einem Gebiet liegt, daß stark radioaktiv belastet ist (etwa 800 kBq/m² Cs-137 und 4 kBq/m² Sr-90)

# 3  Die Kernkraftwerke

## 3.1 Wie arbeitet ein Kernkraftwerk?

Lange nachdem in den ersten Reaktoren die sich selbst erhaltende Kettenreaktion erreicht worden war, baute man auch Kernreaktoren für die Energieerzeugung oder als Antriebsmaschinen. Auf dem amerikanischen U-Boot „Nautilus" nahm man im Mai 1953 den ersten Druckwasser-Reaktor in Betrieb. Danach wurden zahlreiche Kriegsschiffe und später auch einige zivile Schiffe, so im Dezember 1957 der Eisbrecher „Lenin" in der UdSSR, mit „Atomantrieb" ausgerüstet.

*Von 5 MW zu 1500 MW*

Im Juni 1954 nahm der erste, nur zur Erzeugung von Elektroenergie bestimmte Kernreaktor der Welt, in Obninsk - etwa 80 km südwestlich von Moskau - den Betrieb auf. Seine Leistung war gering. Dieser Reaktor benutzte angereichertes Uran (5% U-235) als Brennstoff (insgesamt 550 kg) und brachte es bei einer thermischen Leistung von 30 MW nur auf eine elektrische Leistung von 5 MW (UGR-5). Er war jedoch der Prototyp für die späteren Großreaktoren, auch für die im Kraftwerk am Pripjat verwendeten Druckröhren-Siedewasserreaktoren vom Typ RBMK-1000 mit einer Leistung von 3200 MW (thermisch) bzw. 1000 MW (elektrisch). Der Kern des Reaktors in Obninsk hatte einen Durchmesser von 1,5 m und eine Höhe vom 1,7 m gegenüber 11,8 m und 7 m beim Reaktor 4 in Tschernobyl.

Im Oktober 1956 nahm man einen Kernreaktor zur Stromerzeugung in Calder Hall/Cumbria, in Großbritannien, in Betrieb. In Frankreich wurde 1958 mit der Stromerzeugung aus Kernenergie begonnen.

In der UdSSR hatte man Ende der 50er und Anfang der 60er Jahre eine Reihe von 100-MW-Reaktoren vom Uran-Graphittyp (UGR-100) gebaut, mit denen weitere Erfahrungen gesammelt wurden. Hier war die Urananreicherung nur 1,8 % U-235, die Gesamturanmenge 90 t, der Kerndurchmesser 7,2 m, die Kernhöhe 6 m. Diese Reaktoren sind zweifellos auch mit Rücksicht auf die gewünschte Produktion größerer

Mengen Plutonium für die Kernwaffenherstellung gebaut worden.

Ende der 80er Jahre waren ca. 500 große Kernreaktoren zur industriellen Stromerzeugung in etwa 30 Ländern in Betrieb. Was den Anteil der Stromerzeugung in Kernkraftwerken an der gesamten Elektroenergieerzeugung betrifft, war Frankreich mit mehr als zwei Dritteln führend, Deutschland lag mit einem Drittel im Mittelfeld und die UdSSR mit gut 10% ziemlich am Ende. Wenn man aber die absolute Zahl der Kernreaktoren und die erzeugte Gesamtleistung betrachtet, lag die UdSSR hinter den USA an zweiter Stelle.
In der DDR betrug im Jahre 1987 der Anteil der Kernkraftwerke an der Energieerzeugung etwa 12%. Ein Schulungsreaktor vom Typ WWER-70 (Wasser-Wasser-Energie-Reaktor, elektrische Leistung 70 MW) wurde 1966 nur zwei Jahre nach dem ersten sowjetischen Reaktor dieser Bauserie (WWER-210 in Nowo-Woronesh) in Rheinsberg in Nordbrandenburg in Betrieb genommen. Je ein Block WWER-440 kam 1973, 1974, 1977 und 1979 in Lubmin bei Greifswald an der Ostseeküste (Mecklenburg-Vorpommern) dazu. Diese Reaktoren arbeiteten bis kurz nach der deutschen Vereinigung im wesentlichen störungsfrei. Die Überwachungs- und Meßeinrichtungen waren in der DDR erheblich verbessert worden.

Danach wurde der Betrieb eingestellt, obwohl sich hier für die deutsche Industrie eine einmalige Chance bot: Auf der Basis der bereits vorhandenen mehr als 25jährigen Betriebserfahrungen hätte man die sowjetischen Reaktoren auf einen höheren sicherheitstechnischen Stand bringen können. Dies hätte einerseits Exportchancen für die deutsche Industrie in die ost- und mitteleuropäischen Länder eröffnet, in denen Reaktoren aus der UdSSR arbeiten (Bulgarien, Litauen, Rumänien, Slowakische Republik, Slowenien, Ungarn, Tschechische Republik und Ukraine), andererseits ein mehr an Sicherheit für diese Länder, Deutschland, Österreich, die Schweiz und andere mittel- und westeuropäische Staaten gebracht. Inzwischen werden in Greifswald mit Unterstützung der Bundesregierung und der Europäischen Union (bisher über 5 Millionen DM seit 1992) von einem privat betriebenen Ausbildungszentrum Kernkraftwerker der Nachfolgestaaten der Sowjetunion an einem Simulator trainiert, dessen Schaltwarte eine Kopie der Warte des 5. Blocks des KKW Greifswald ist. Bisher sind fast 500

Reaktorspezialisten, besonders aus der Ukraine und Rußland dort geschult worden.

Der Abbau des KKW bei Greifswald verläuft nicht ohne Probleme. Im Februar 1996 haben KKW-Gegner - allerdings erfolglos - versucht, den Transport von zunächst 235 teilabgebrannten Brennelementen in das ungarische KKW Paks bei Budapest zu verhindern, das nach Greenpeace zu den unsichersten Kernkraftwerken Europas gehört.

*Ist ein KKW so gefährlich wie ein Wärmekraftwerk?*

Ein KKW arbeitet ähnlich wie ein konventionelles Wärmekraftwerk, bei dem der Brennstoff (Gas, Öl, Kohle,...) verbrannt wird. Die durch die Verbrennung erzeugte Wärme wird benutzt, um Dampf zu erzeugen, womit Turbinen angetrieben werden, die den Strom liefern. Im KKW wird der Dampf nicht aus der Verbrennungswärme, sondern durch den Kernbrennstoff erzeugt.

Die freiwerdende Energie kommt hier nicht aus den Änderungen in den Bindungsverhältnissen durch chemische Prozesse, sondern aus den *Kernbindungskräften*, die viele Millionen Mal stärker sind als die Bindungskräfte in der äußeren Hülle der Atome.

Die bei der Verbrennung von Kohlenwasserstoffen freiwerdende Energie ergibt sich aus der festeren chemischen Bindung der Endprodukte im Vergleich zu den Anfangsprodukten. Die Differenz der *Bindungsenergien* wird frei. Bei einem Kernspaltungsprozeß, etwa der Spaltung eines Uran-235 Atomkerns, entstehen zwei Atomkerne mittlerer Größe. In diesen sind die Kernbausteine viel fester gebunden als im Urankern. Darum ist ja auch der Urankern instabil, d.h., er hat eine Neigung, unter Strahlenaussendung zu zerfallen (*natürliche Radioaktivität*) oder sich zu spalten (*spontane Kernspaltung*). Bei der Reaktion des einfachsten Kohlenwasserstoffs, des Methans, mit Sauerstoff nach der Reaktionsgleichung

$$CH_4 + 3\,O_2 = CO_2 + 2\,H_2O + \text{Wärmeenergie}$$

wird pro entstehendem Molekül Wasser und Kohlendioxid eine Energie von einigen Elektronenvolt frei, während bei der Spaltung eines Atomkerns von Uran-235 etwa eine 100 Millionen Mal größere Energiemenge freigesetzt wird (ca. 200 MeV je gespaltenem Uran-235

Atomkern). Die bei dem Spaltungsprozeß freiwerdende Energie $W$ läßt sich nach der berühmten Formel von Einstein

$$W \quad mc^2$$

berechnen. Dabei ist $m$ die bei einer Kernspaltung auftretende Verringerung der Masse (Gesamtmasse aller beteiligten Teilchen vorher minus Gesamtmasse aller Teilchen nachher), und $c$ ist die Lichtgeschwindigkeit 300 000 000 m/s².

Stellen wir uns eine schwarze Urandioxid-Tablette von der Größe einer Multivitamin-Brausetablette (ca. 5 g) vor! Sie ist winzig gegenüber einem Braunkohlenbrikett. In dieser ist etwa genausoviel Energie enthalten, wie in 10 t Steinkohle. Ein Stück Kohle oder Holz, einige ml Benzin oder Methan erscheinen manchem Menschen aber gefährlicher als die beschriebene Tablette. Es passiert auch gar nichts, wenn man ein brennendes Streichholz an das Urandioxid hält, während es bei einem Benzin-Luft- oder Methan-Luft-Gemisch schon eine beachtliche Explosion geben könnte.
So ist schwer erkennbar, daß die Urantablette millionenfach gefährlicher sein kann als eine Flasche Benzin oder eine entsprechende Menge anderen brennbaren Materials. Das ist wohl der wichtigste Unterschied zwischen einem konventionellen Heizkraftwerk und einem KKW: der Kernbrennstoff erscheint dem „gesunden Menschenverstand" viel ungefährlicher als herkömmliche Brennstoffe, doch ist er in unvorstellbar hohem Maße gefährlicher.

Der Kernbrennstoff ist jedoch nicht nur wegen seines gewaltigen Energiegehaltes gefährlich, er ist es auch wegen der von ihm ausgehenden Strahlung. Die energiereiche und zum Teil sehr stark durchdringungsfähige ionisierende Strahlung geht nicht nur vom Kernbrennstoff selbst aus, sondern außerdem noch von seinen Spaltprodukten und vielen Materialien, die - wenn sie von den Uranstrahlen getroffen werden - auch selbst strahlungsaktiv (= radioaktiv) werden. Deshalb ist der Kernbrennstoff schwer im Zaum zu halten. Selbst das Kühlmittel, z.B. Wasser, das unter Druck soweit erhitzt wird, daß es zur Dampferzeugung benutzt werden kann, wird radioaktiv. Deshalb benutzt man meist einen ersten Kühlkreislauf, um in diesem Wasser eines zweiten Kreislaufs zu Dampf umzuwandeln. Der Dampf treibt dann die Turbogeneratoren und ist nur schwach radioaktiv. Besondere Komplikationen ergeben sich daraus, daß die im Reaktor entstehenden radioaktiven Isotope sehr verschiedene physikalische und chemische Eigenschaften haben. Zum Teil sind es Metalle mit unterschiedlicher Verdampfbarkeit, zum Teil Gase mit hohem Reaktionsvermögen (Wasserstoff H-3, Jod) oder auch solche, die praktisch überhaupt keine chemischen Reaktionen eingehen und damit auch nicht durch irgendein Filter aufgehalten werden können (Edelgase). Insgesamt ist wohl nicht zu vermeiden, daß bei jedem Kernkraftwerk „etwas" Radioaktivität entweicht, zum Teil mit der Abluft, zum anderen Teil mit dem Abwasser.

Zum Schutz gegen entweichende Radioaktivität existiert eine Reihe von Barrieren. Die erste ist der hermetische Einschluß des Kernbrennstoffs in eine temperatur- und korrosionsbeständige Hülle. Diese Brennstoffstäbe sind dann wiederum in Kanälen untergebracht, die von Druckröhren oder einem Stahlcontainer umgeben sind. Die nächste Barriere ist das Reaktorgefäß mit dem Strahlenschutzschild. Dieser Strahlenschutzmantel besteht aus zwei Teilen mit unterschiedlicher Funktion: einerseits sollen Gamma-Strahlen nicht hindurchgelassen werden, andererseits Neutronen (als Beispiel sei auf den Reaktor RBMK-1000, Abschn. 3.2, verwiesen).

Das Hauptproblem der radioaktiven Entsorgung besteht darin, daß der Kernbrennstoff nicht in gleichem Maße verbrennt wie normaler Brennstoff. Es ist sogar so, daß nach dem „Abbrennen" des Urans die Radioaktivität allein in den Brennstäben größer ist als sie es vor deren Einführen in den Reaktor war. Aus einem schwach radioaktiven Uran-235-Kern können zwei wesentlich stärker radioaktive Spaltkerne entstehen. Außerdem können noch weitere instabile Kerne durch die bei der Spaltung freiwerdenden Neutronen gebildet werden (*Neutronenaktivierung*). Daneben sind viele radioaktive Stoffe rundherum (z.B. im Kühlmittel oder in den Reaktormaterialien) entstanden. Die Spaltungsneutronen aus dem Uran-235 können auch neuen Kernbrennstoff erbrüten (z.B. Plutonium-239). Die Plutoniumisotope sind stärker radioaktiv als die Uranisotope, weil sie eine kürzere Halbwertszeit haben.
Besondere Anforderungen werden in einem Kernkraftwerk auch an die Hauptumwälzpumpen im Reaktorkreislauf gestellt. Sie müssen Wasser, das über 200 °C heiß ist und unter hohem Druck steht, in großen Mengen in den Reaktor hineinpumpen. Als Kühlmittel können auch (inerte)

Gase oder flüssiges Natrium verwendet werden. Flüssiges Natrium hat den Vorteil, daß es wesentlich heißer als siedendes Wasser werden kann. Dadurch erhöht sich der *Wirkungsgrad der Energieumwandlung*, der von der Temperaturdifferenz (maximale Dampftemperatur minus 100 °C) stark abhängt. Andererseits ist Natrium aber chemisch sehr aggressiv, was besonders gefährlich ist, wenn es aus dem Reaktorkreislauf austritt, wie um die Jahreswende 1995/96 bei dem ersten japanischen schnellen Brüter in Monju geschehen. Schon bei der Prüfung vor Inbetriebnahme dieses schnellen Brüters war den Experten aufgefallen, daß die thermischen Ausdehnungskoeffizienten des 1. und 2. Kreislaufes nicht übereinstimmen und daß es deshalb zu gefährlichen thermischen Spannungen kommen muß. In Japan ist man jedoch überzeugt, mit diesen Problemen fertig zu werden, und bereitet bis zum Jahre 2005 die Inbetriebnahme eines zweiten schnellen Brüters mit noch größerer elektrischer Leistung (600 MW) vor. Auch die Landesregierung Mecklenburg-Vorpommerns beabsichtigt, Kurs auf die Inbetriebnahme zweier derartiger Reaktoren zu nehmen.

## 3.2 Das Kernkraftwerk „Tschernobyl"

Fig. 3.1 zeigt das Hauptgebäude des Kernkraftwerkes, das die Reaktoren 1 bis 4 mit den Turbogeneratoren 1 bis 8 enthält. Es liegt in Ost-

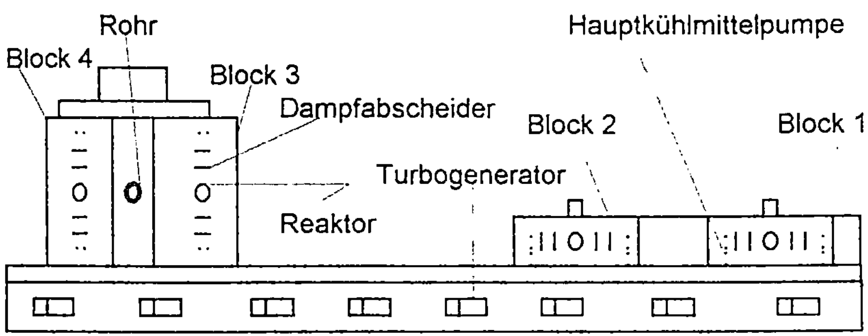


Fig 3.1. Hauptgebäude des Kernkraftwerks am Flusse Pripjat

West-Richtung. Südlich des langgestreckten Turbinengebäudes verläuft der Frischwasserkanal ( Fig. 3.2). Das Lüftungsrohr in Fig. 3.1 ist auf vielen Fotos als markantes Erkennungszeichen sichtbar (Fig. 3.6).

Die Figur 3.2 zeigt das Kernkraftwerk und dessen Umgebung, einschließlich eines Teils der Stadt Pripjat, wobei Details, die uns wichtig
erscheinen, hervorgehoben, andere z.T. weggelassen worden sind.

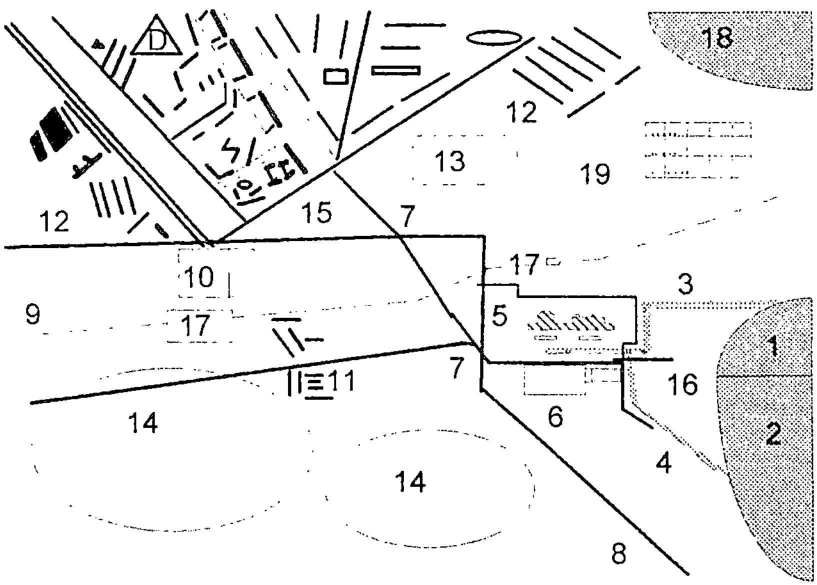


Fig. 3.2 Skizze zur Lage des Kernkraftwerkes am Pripjat: 1 - nördliche (kalte)
Hälfte des Kühlwasserteiches, 2 - südliche (warme) Hälfte, 3 - Kühlwasserzu-
führungskanal, 4 - Kanal zur Ableitung des warmen Wassers, 5 - Kraftwerks-
hauptgebäude, darunter Pumpstationen, Zuleitungskanal und Umspannwerk 6, 7 -
Straßen, 8 - Straße in Richtung Kopatschy (ca. 1400 Einwohner), Tschernobyl und
Kiew, 9 - Eisenbahnlinie mit Bahnhöfen (17), 10 - Markt, 11 - Dorf Janow (ca.
100 Einwohner), 12 - Garagenkomplexe, 13 - Zentraler Omnibusbahnhof, 14 -
Kleingartengelände (Datschen), 15 - Sportplatz, 16 - Baugelände Ausbaustufe 3,
18 - See an der Stadt Pripjat mit Hafen und Zufahrt zum Fluß Pripjat, 19 -
Friedhof, D - Denkmal auf dem Rathausplatz

Der etwa 22 km² große Kühlwasserteich (1 und 2 in Fig. 3.2) liegt östlich des Hauptgebäudes (5). Der Kanal (3) für die Kühlwasserzuführ-
rung führt rechts am Hauptgebäude vorbei und endet südlich des
Turbinenhauses an den Pumpstationen (Fig. 3.6). Der Kanal, der das
warme Wasser abführt (4), verläuft von der rechten Ecke des Hauptgebäudes aus zunächst nach Süden, dann nach Südosten, wo er in den

wärmeren Teil (2) des Kühlwasserteichs mündet. Östlich von ihm liegt das Gelände (16), wo sich 1986 die Reaktoren 5 und 6 im Aufbau befanden (Ausbaustufe 3 in Tschernobyl). Vom Kraftwerk aus führt eine Fernverkehrsstraße nach Pripjat (7) und nach Tschernobyl und Kiew (8).

In Fig. 3.2 sind dann weitere Details in Richtung der Stadt Pripjat zu erkennen, wie Autobusbahnhof, Bahnhof, das Dorf Janow, der Markt, Sportanlagen, der Friedhof, zahlreiche Garagen und Kleingartenanlagen sowie der zentrale Platz (Denkmal), wo sich während des Brandes im Gebäude der Stadtverwaltung die Regierungskommission befand. Etwa 1 km weiter in Richtung Nordwest liegt ein großer Treibhauskomplex, der früher für die Versorgung der Bevölkerung wichtig war und jetzt dem Versuchsgemüseanbau dient. Die Stadt Tschernobyl, die mehr als 10 km entfernt in südsüdöstlicher Richtung stromabwärts am Flusse Pripjat liegt, ist auf dieser Skizze nicht enthalten. Es ist lediglich die Straße angegeben, die in diese Stadt führt.

*Die Stadt Tschernobyl*

Bereits im 12. Jahrhundert wurde der Ort Tschernobyl in einer alten Chronik erwähnt. Er liegt am Rande einer riesigen Wald- und Sumpflandschaft, die sich über Teile Weißrußlands und der Ukraine erstreckt, am wasserreichen Flusse Pripjat. Im Laufe der Jahrhunderte wuchs der Ort in dem dünnbesiedelten Gebiet nur langsam; in unserem Jahrhundert hörte das Wachstum auf.

Die Stadt hatte 1986 etwa 12500 Einwohner, etwa genausoviel wie zur Jahrhundertwende. Schon daraus läßt sich schließen, daß hier seit 100 Jahren keine großen strukturellen Veränderungen erfolgt sind. Eine starke Industrialisierung hat nicht stattgefunden. Die Bewohner lebten 1986 überwiegend von Landwirtschaft, Gartenbau, Fischfang und von den Produkten des Waldes und deren Verarbeitung. Seit dem Bau des Kiewer Staudammes am Dnepr, durch den der Kiewer Stausee entstand, auch Kiewer Meer genannt, mündet der Pripjat in diesen See, und Tschernobyl liegt nahe der Mündung am nordwestlichen Zipfel des Stausees.

Das kleine ukrainische Städtchen mit dem uns bekannten Namen Tschernobyl liegt etwa 100 km (Luftlinie) nördlich von Kiew. Im

Ukrainischen heißt die Stadt Tschornobyl, was (bitterer) Wermut bedeutet. Mehrfach wurden mit diesem Namen auch düstere Prophezeiungen verbunden /STS 91/.

Wahrscheinlich müssen wir uns künftig in Deutschland daran gewöhnen, für die ukrainischen Orte auch die ukrainischen Namen zu benutzen (und nicht weiter die russischen). Da aber heute selbst offizielle ukrainische Verlautbarungen in englischer Sprache den Namen Chernobyl verwenden, der zudem in internationalen Dokumenten von UNO-Unterorganisationen, wie IAEA und WHO, ständig zu lesen ist und auch weiterhin benutzt wird, wollen wir hier noch bei den russischen Namen bleiben.

Tschernobyl, jahrhundertelang ein ländliches Verwaltungszentrum, mußte diese Rolle vorübergehend an Pripjat, die schnell wachsende Stadt der Kernkraftwerkserbauer und -betreiber, abgeben. Durch die Katastrophe wurde das gut 10 km vom Kraftwerk entfernt liegende Tschernobyl aber weit weniger betroffen als das nur 3 km entfernte Pripjat. Aus beiden Orten mußte die Bevölkerung evakuiert werden. Heute belebt sich Tschernobyl wieder, und es hat mehr und mehr die Rolle eines Organisations- und Verwaltungszentrums für die 30-km-Zone übernommen. Von hier aus werden sowohl die Nutzung des Kernkraftwerkes als auch alle diese Zone betreffenden Forschungen und sonstigen Arbeiten durch die „Wissenschaftliche Produktions-Organisation" (NPO) Tschernobyl koordiniert. Hier werden auch die Genehmigungen für den Aufenthalt in den höchstbelasteten Zonen erteilt.

*Die Stadt Pripjat*

Am 4. Februar 1970 wurde dort, wo eine neue Stadt entstehen sollte, der erste Pflock in die Erde geschlagen, und der erste Bagger begann seine Arbeit. Der Aufbau der Stadt der Kernkraftwerkserbauer und -arbeiter begann zweieinhalb Jahre vor dem Kraftwerksbau. Der Fluß Pripjat, dessen Wasser aus einem Gebiet, so groß wie ein Viertel Deutschlands, zusammenfließen, der das weißrussische mit dem ukrainischen Polessjegebiet verbindet, gab der an einem vorher unbesiedelten und damit namenlosen Ort entstehenden Stadt den Namen. In 15 Jahren entstanden Wohnungen für fast 50 000 Menschen, Betonplattenbauten, meist 6stöckig, viele aber auch 10geschossig und einige noch höher (Fig. 3.3). Parks, Sportstätten, Kinos, viele Schulen, ein Vergnügungspark, ein Kulturpalast, vier Bibliotheken, eine Hochschule und mehr als 10 Kindergärten gehörten zur Stadt. Nach Feierabend, wenn die Mütter und Väter ihre Kleinen von der Kinderkrippe nach Hause brachten, gab es eine regelrechte Kinderwagenparade. Jedes Jahr wurden mehr als 1000 Kinder geboren. Das Durchschnittsalter lag bei 26 Jahren. Für die nächsten Jahre war - sicher auch im Zusammenhang mit der Erhöhung der Kapazität des Kernkraftwerkes um 50 % - ein Anwachsen der Bevölkerung auf 80 000 vorgesehen.

Fig. 3.3 Blick auf die Stadt Pripjat: vorn Häuser, in denen einst 50 000 Menschen gewohnt haben, hinten das KKW mit dem Kühlwassersee

Im Zuge der Stadterweiterung sollte auch eine Reihe öffentlicher Einrichtungen entstehen, u.a. waren neue Gebäude für den Bahnhof und den Busbahnhof, ein Pionierpalast, ein Technikum, ein Jugendklub, medizinische Einrichtungen, Warenhäuser, Hotels und Schulen geplant. Die neuerbaute Stadt war günstig an das Eisenbahnnetz angeschlossen und besaß einen großen Hafen, der sie über den Kiewer Stausee u.a. mit der ukrainischen Hauptstadt Kiew verband, sowie einen großen Busbahnhof. Garagenkomplexe und Datschengebiete am Rande der Stadt und in der näheren Umgebung kündeten vom relativen Wohlstand der Bewohner.

In der wasser- und waldreichen Umgebung der Stadt gab es viele Möglichkeiten zur Erholung. Man konnte Angeln, Pilze und Waldfrüchte sammeln, Ausflüge zu Lande und auf dem Wasser unternehmen. Eine Stadt voller Leben und mit besten Zukunftsaussichten. Bis zur Unglücksnacht im Jahre 1986.

Eine neue Phase im Leben der Stadt Pripjat begann am 26. April 1986. Viele Einwohner hatten in der Nacht die Explosion im nahegelegenen Kernkraftwerk gehört, einige sogar die aufsteigende Rauch- und Feuersäule gesehen. Die meisten waren aber gegen halb zwei wieder schlafen gegangen und nutzten den arbeitsfreien Sonnabend, um etwas länger zu schlafen.

Nur wenige sind - durch die Explosion oder durch Telefonanrufe alarmiert - zum Dienst geeilt. Die städtische Feuerwehr fuhr bereits wenige Minuten nach der Explosion in das Kraftwerk, um an den Löscharbeiten teilzunehmen.

Bei den meisten Stadtbewohnern, die ruhig in den sonnigen Samstagmorgen hineingeschlafen hatten, standen nach dem Aufstehen ein ausgiebiges Frühstück und kleine Einkäufe auf dem morgendlichen Programm. Milch und frisches Brot wurden noch zum Frühstück eingeholt; Gemüse, Fleisch oder Fisch, Eier und anderes sollten danach gekauft werden. Die Kinder gingen zur Schule. Die kleineren Kinder, die werktags von den Eltern früh in den Kindergarten oder in die Krippe gebracht wurden, spielten zu Hause oder auf nahegelegenen Spielplätzen oder gingen mit den Eltern einkaufen. Auf der Straße wunderten sich die Leute über die relativ vielen Polizisten und noch mehr darüber, daß pausenlos Sprühwagen unterwegs waren, um die Straßen zu säubern. Das hielt man für übertriebene Vorbereitungen auf die bevorstehenden Feiertage um den ersten Mai. Oder sollte irgendeine ausländische Delegation im Anmarsch sein?

Der Markt an der Stadtausfahrt blieb geschlossen, aber die Kauflustigen wurden durch einen Sonderverkauf von Mangelware angelockt, der vor einem großen Warenhaus stattfand. Dort bildete sich schnell eine Schlange vor einem Stand mit modischen Herrenhemden. Die Menschen standen bis auf die Straße, und niemand in der Schlange war sonderlich beunruhigt.

Es hatte sich herumgesprochen, daß im Kraftwerk in der Nacht Dächer gebrannt hatten. Irgendwer erzählte, man hätte Patienten mit schweren Verbrennungen in das Krankenhaus eingeliefert, aber man glaubte ihm kaum. Feuerwehren waren gelegentlich noch in der Stadt zu hören. Das beruhigte aber mehr als es aufregte: je mehr Feuerwehren, desto schneller würden sie im Kraftwerk mit dem Brand fertig werden. Unmut löste lediglich die Langsamkeit des Verkäufers aus, da man für die arbeitsfreie Zeit noch einiges vorhatte.

Die Sonne schien vom wolkenlosen Himmel. Das warme Frühlingswetter lockte die Familien hinaus, in ihre Gärten. Viele hatten sich schon in den Tagen vorher verabredet, gemeinsam hinauszufahren, um die Kartoffeln in die Erde zu bringen. Dazu war es gut, sich mit Nachbarn zusammenzutun, die ein Auto besaßen.

Auch unterwegs traf man ungewöhnlich viele Polizisten am Kontrollpunkt, und einige Fahrzeuge wurden sogar zurückgeschickt. Mittags kehrten manche schon von den Datschen zurück, was bei den Spaziergängern in der Stadt Erstaunen auslöste.

Die Kinder berichteten aus der Schule, daß man sie in den Pausen nicht an die frische Luft gelassen hätte. Sie brachten braune Tabletten mit, die sie gegen Strahlung einnehmen sollten. Die Tabletten waren aber so bitter, daß die Kinder sie lieber in die Tasche gesteckt und mit nach Hause genommen hatten (Jodtabletten).

Nachmittags erklärten Ärzte im Pripjater Stadtradio, wie man sich verhalten solle. Sie sagten, am besten sei es, zu Hause zu bleiben (in der UdSSR wurde in den Stadtwohnungen jeweils nur das örtliche Radio gehört, in dem man stundenweise auch das zentrale Programm übernahm).

In der aktuellen Abendsendung des Fernsehens („Wremja" = die Zeit) wurde kein Wort über die Havarie gesagt. Dies konnte doch wohl nur heißen, daß sie ist unbedeutend ist.

Um 21.30 Uhr verteilte die Zivilverteidigung Tabletten für jedes Familienmitglied. Jeder sollte sie einnehmen - gegen Strahlung. Man riet, die

Lüftungsfensterchen nicht zu öffnen, obwohl im Grunde nichts zu befürchten sei.
Die meisten gehen am Sonnabendabend zeitiger schlafen, um am Sonntag früher aufstehen zu können, in Erwartung der Dinge, die da kommen würden.

Am Sonntag, dem 27. April, wurden die Einwohner Pripjats gegen 5.30 Uhr durch tieffliegende Hubschrauber geweckt. Sie flogen so tief, daß man die Piloten deutlich sehen konnte, auch den Mullschutz über Mund und Nase. Schon vor 7 Uhr waren Angestellte der Stadtverwaltung unterwegs und baten, in den Wohnungen zu bleiben, das Radio eingeschaltet zu lassen und die Fenster nicht zu öffnen. Viele dachten, daß es sich um eine Übung des Katastrophenschutzes handelt, und gingen trotzdem in die Stadt, um Milch und frisches Brot zu kaufen oder sonstige wichtige Dinge zu erledigen.
Um 13.10 Uhr teilte die Direktorin des Pripjater Radios den Einwohnern mit, daß eine Evakuierung der Bevölkerung der Stadt erfolgen müsse. Sie bat, Lebensmittel und Kleidung für drei Tage zusammenzupacken. Jetzt erfaßte die Menschen Verwirrung und Ratlosigkeit. Was sollten sie mitnehmen?
Um 13.50 Uhr begann die Evakuierung. Am Hauseingang stand ein Autobus mit Kiewer Nummer. Also ging es nach Kiew?
Ein schwerer Schicksalsschlag traf die Menschen. Fast alles, was sie besaßen, die Wohnung, die Möbel, das Auto, die Garage, die Datsche, die Kleidung, sollten sie für immer verlieren...

*Aufbau und Lage des Kernkraftwerkes*

Die relativ dünne Besiedlung und die Nähe zur ukrainischen Hauptstadt, Kiew, mögen die wichtigsten Gründe dafür gewesen sein, Anfang der siebziger Jahre den Bau eines großen Kernkraftwerkes nordwestlich von Tschernobyl zu planen. Hinzu kamen die riesigen Wassermengen des Pripjat und des Kiewer Stausees, die gleichzeitig zur Kühlung und zur starken Verdünnung anfallender Abwässer dienen konnten.
Die Ukrainische Akademie der Wissenschaften hat sich in Gutachten mehrfach gegen den Bau eines KKW an dieser Stelle ausgesprochen. Ein Grund dafür waren starke geologische Verwerfungen. Tektonische

Bewegungen und das unkontrollierte Eindringen radioaktiven Materials in den Untergrund wurden für möglich gehalten. Außerdem war klar, daß nach einer Kontamination der Umgebung des Kraftwerksgeländes der nächste Regen einen Großteil der Radioaktivität in den Pripjat spülen würde, da das Gelände zum Fluß hin abfällt. Der Pripjat bringt im Jahresdurchschnitt je Sekunde 400 m$^3$ Wasser in den Dnepr und damit in jenes Staubecken, das als Trinkwasserreservoir für die Millionenstadt Kiew dient.

Das Mitglied der Ukrainischen Akademie der Wissenschaften, N. Dollesal, forderte, falls ein Kernkraftwerk so nahe bei Kiew gebaut würde, wenigstens den WWER-Typ zu verwenden. Der gefährlichere RBMK-Reaktor, bei dem in Sibirien bereits vielfach Unfälle aufgetreten waren, sollte im Interesse der Sicherheit des Landes im europäischen Teil der UdSSR am besten überhaupt nicht verwendet werden.
Diese Argumente der Gegner des RBMK-Typs wurden jedoch wenig beachtet, und man begann mit der Planung und mit dem Bau. Am 15. August 1972 wurde feierlich der erste Kubikmeter Beton für das Fundament des Hauptgebäudes des Kraftwerkes gegossen.
Die Reaktorblöcke Tschernobyl 1 und 2 entstanden in den siebziger Jahren etwa gleichzeitig mit den Reaktorblöcken Leningrad 1 bis 3 und Kursk 1 und 2. Diese sieben Reaktoren waren in der UdSSR die ersten großen Leistungsreaktoren mit jeweils 1000 MW elektrischer Leistung. In den 70er Jahren entstanden in der BRD die Kernreaktoren Stade und Würgassen (jeweils 670 MW, 1972), Biblis A (1200 MW, 1974), Biblis B (1300 MW, 1976), Neckar 1 (840 MW, 1976), Brunsbüttel (800 MW, 1976), Isar 1 (900 MW, 1977), Unterweser (1320 MW, 1978) und Philippsburg (900 MW, 1979).

Die beiden ersten Tschernobylblöcke 1 und 2 wurden im September 1977 bzw. im Dezember 1978 in Betrieb genommen. Sie bilden zusammen den Teil 1 des KKW (vgl. die Lageskizzen Fig 3.1 und 3.2). Zwischen ihnen liegt ein Hilfsanlagengebäude, in dem das Wasserreinigungssystem und andere Anlagen, die für beide Blöcke arbeiten, untergebracht sind. Die Hauptumwälzpumpen und die Dampferzeuger liegen in den jeweiligen Reaktorgebäuden. Seitlich (südlich) dieses dreiteiligen Gebäudekomplexes (Fig. 3.1) steht das etwa 400 m lange Maschinenhaus, in dem sich für jeden Reaktor zwei große Turbogeneratoren (je 500 MW) befinden: am östlichen Ende die Turbinen 1 und 2, die zum Reaktor 1 gehören, daneben die Turbinen 3 und 4 des zweiten Reaktorblocks. Später wurden die Turbinenhalle und der gesamte Gebäudekomplex in Richtung Westen verlängert. Dort stellte man die Turbinen 5 bis 8 für die Reaktorblöcke 3 und 4 auf. Dieser westliche Teil bildet die Ausbaustufe 2 des KKW Tschernobyl. Der Reaktor 3 nahm zum Jahresende 1981 den Leistungsbetrieb auf, der Reaktor 4 Ende 1983.

Bis 1986 wurden noch sechs weitere große Kernreaktoren in der UdSSR gebaut und in Betrieb genommen. Danach stoppte man das Programm erst einmal. Der Baustopp betraf insbesondere die Ausbaustufe 3 des KKW Tschernobyl, die Blöcke 5 und 6, an deren Fertigstellung zur Zeit der Havarie mehrere hundert Arbeiter Tag und Nacht arbeiteten. Zum Glück lag das Baugelände fast einen Kilometer vom Reaktor 4 entfernt in süd-südöstlicher Richtung, während das radioaktive Material in den ersten Stunden der Havarie mehr in Richtung West und Nordwest zog.

In der UdSSR war zu dieser Zeit auch noch der RBMK-1000-Reaktor in Smolensk im Bau, der schließlich im Januar 1990 ans Netz ging. Nach dessen Fertigstellung wurden keine weiteren Reaktoren dieses Typs gebaut. Im KKW Balakowo nahmen 1985, 1987, 1988 und 1993 je ein großer Reaktor vom Typ WWER-1000 den Betrieb auf.

In der BRD wurden in den 80er Jahren 10 weitere Großreaktoren gebaut und in Betrieb genommen, alle im Leistungsbereich zwischen 1300 und 1400 MW. In der DDR zog sich der Bau von weiteren Reaktoren des Typs WWER-440 in Greifswald und neuer Reaktoren vom Typ WWER-1000 bei Stendal in die Länge, so daß sie schließlich nie in Betrieb gingen. Das bei Stendal geplante KKW mit 1000-MW-Blöcken wurde nach mehr als einem Jahrzehnt Bauzeit nicht in Betrieb genommen und ist gegenwärtig fast vollständig wieder abgebaut.

In den 90er Jahren entstanden in Deutschland bisher keine Leistungs-Kernreaktoren. Die Diskussion um den Bau neuer Reaktoren und Kraftwerke kann man aber nicht als abgeschlossen betrachten. Sie verläuft auch in Deutschland kontrovers. Im Januar 1996 erklärte Wirtschaftsminister G. Rexrodt auf der Tagung des Deutschen Atomforums, die Kernenergie sei unverzichtbar, sowohl aus energiewirtschaftlichen als auch aus ökologischen Gründen. Und Bundesumweltministerin A. Merkel äußerte in einem Interview: „Man muß sich dann auch zu einem bestimmten Zeitpunkt - und der wird in Deutschland nicht vor dem Jahre 2005 liegen, entscheiden, neue Kraftwerke zu bauen." Ende 1993 hatte die Erzeugung von Elektroenergie in Kernkraftwerken in Deutschland einen Anteil von 29,7% und in der Schweiz von 37,9% an der Gesamtelektroenergieerzeugung.

In Rußland nehmen nach den Diskussionen der letzten Jahre die Pläne zum Bau neuer KKW immer konkretere Formen an. So soll im Fernen Osten ein KKW in Zusammenarbeit mit Kanada errichtet werden. Gegenwärtig tritt in vielen Gebieten der Russischen Föderation und in anderen Staaten, die früher zur Sowjetunion gehörten (auch in der Ukraine), Energiemangel auf. Es kommt zu Abschaltungen in Spitzenzeiten. Das macht die Kernenergienutzung bei der Bevölkerung wieder akzeptabler und ist auch der wesentlichste Grund dafür, daß das Kraftwerk am Pripjat noch immer nicht stillgelegt ist.
Gegenwärtig wird in Rußland über den weiteren Ausbau der Kernkraftwerke diskutiert. Die Regierung arbeitet daran, ein neues umfangreiches Programm zum Bau von großen Kernreaktoren vorzubereiten. Geplant ist die Verdoppelung der KKW-Kapazität bis zum Jahre 2010. Die Ukraine will auf den Neubau von Kernkraftwerken zunächst verzichten. Jene Reaktoren, die schon lange in Betrieb sind, sollen jedoch im Laufe der nächsten Jahrzehnte durch neue mit größerer Effektivität und Sicherheit ersetzt werden. Daneben herrscht dort das Bestreben, sich auf dem Gebiet der Kernenergetik unabhängig zu machen, was nach Aussage des zuständigen Ministers neben der Schaffung eigener Möglichkeiten für Ausbildung und Havarietraining für das Reaktorpersonal unter anderem den Aufbau von Zwischen- und Endlagern für verbrauchte Brennelemente und möglichst auch einer Wiederaufarbeitungsanlage erfordert. Vermutlich will die Ukraine als einer der weltgrößten Uranproduzenten auch die Herstellung von Brennelementen in eigene Hände nehmen.


*Der Reaktor vom Typ RBMK -1000*

Die in Tschernobyl verwendeten Reaktoren sind, wie oben schon erwähnt, vom Typ RBMK-1000. Es handelt sich dabei um Reaktoren, bei denen die Moderation mit Graphit erfolgt und die erzeugte Wärme durch Wasser in Druckröhren abgeführt wird. Die Abkürzung RBMK ist aus dem russischen Namen abgeleitet: Реактор Большой Мощности Канальный (Reaktor großer Leistung mit Kanälen).Deutsch lautet die Bezeichnung für diesen Reaktortyp Druckröhren-Siedewasser-Reaktor. Das Wasser fließt unter einem Druck von 65 Bar in den Röhren, in denen sich auch die Kernbrennstoffstäbe befinden, von unten nach oben. Die Druckröhren werden bezüglich Durchströmung,

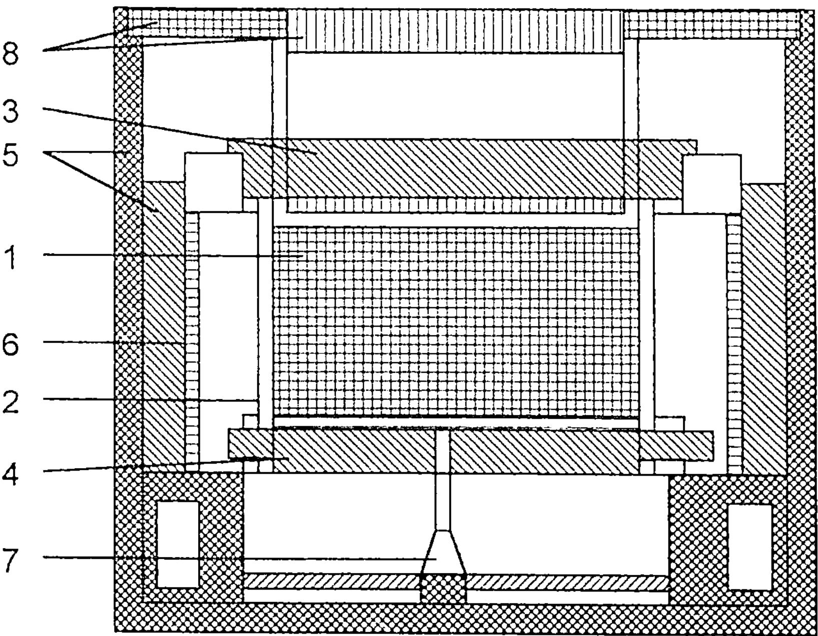


Fig. 3.4 Aufbau eines Kernreaktors vom Typ RBMK-1000 (ohne Druckröhren dargestellt): 1 - Reaktorkern mit Graphitreflektoren (Durchmesser 13,60 m, Höhe 8 m), 2 - zylindrischer Stahlbehälter (Wanddicke 4,5 cm), 3 - Obere Abschirmung (2,8 m dicke Sandfüllung), 4 - untere Abschirmung (1,8 m Sanddicke), 5 - seitliche Sandabschirmung, 6 - biologische Abschirmung (ringförmiger Wassertank der Stärke 1,14 m), 7 - untere Abstützung, 8 - obere Abdeckung mit abnehmbaren Betonsteinen

Druck und eventueller Lecks einzeln überwacht und können einzeln abgeschaltet werden. Der Reaktor besteht aus zwei weitgehend voneinander unabhängigen Hälften, und diese sind für Kontrollzwecke in mehrere Sektoren eingeteilt. Lecks in den Druckröhren können zuerst im jeweiligen Sektor und danach im entsprechenden Druckrohr geortet werden.

Das Wasser wird in den Röhren auf eine Temperatur von 280 °C erwärmt. Dieses heiße, unter Druck stehende Wasser gelangt in Trommelseparatoren, wo heißes Wasser und Dampf getrennt werden. Sie haben einen Durchmesser von 1,5 m und eine Länge von 30 m. Der Dampf treibt die riesigen 500 000 000-W-Turbinen an. Das abseparierte Wasser wird zurück in den Reaktor gepumpt, auch alles Kondensationswasser des Dampfes, der die Turbinen angetrieben hat. Zur Kondensation dieses Dampfes und für andere Zwecke benötigt man riesige Mengen Kühlwasser. Deshalb ist extra ein Kanal angelegt worden, der das Wasser aus dem Kühlwasserteich (Oberfläche ca. 22 km$^2$) heranführt und das warme Wasser wieder ableitet. Dieser Teich, insbesondere jene Stelle, an der das warme Kühlwasser eingeleitet wurde, war ein begehrtes Ziel für passionierte Hobbyangler. Auch während der Katastrophennacht angelten hier zwei Männer. Sie waren Augen- und Ohrenzeugen der Explosionen. Von ihrem Standort aus lag aber der Block 4 hinter dem Turbogeneratorengebäude. Sie konnten deshalb den brennenden Reaktor nach der Explosion nicht sehen. Einer von ihnen wurde durch den niedergehenden radioaktiven Staub strahlenkrank.

*Das Kraftwerk*

Wenn der Reaktor mechanische Arbeit leisten soll (z.B. als Schiffsantrieb), kann der Dampf direkt zum Maschinenantrieb benutzt werden. Soll Elektroenergie erzeugt werden, dann muß der Dampf eine Turbine antreiben, die mit einem Generator gekoppelt ist (*Turbogenerator*).

Figur 3.5 zeigt unseren Kernreaktor (Fig. 3.4) eingeordnet in ein ebenfalls schematisch dargestelltes Kernkraftwerk. Der Wärmeträger führt die im Reaktorkern erzeugte Wärme einem Dampferzeuger oder Dampfseparator zu, und der dadurch abgekühlte Wärmeträger wird anschließend als Kühlmittel durch die Hauptumwälzpumpen wieder in den Reaktorkern zurückgeführt. Den Dampf leitet man zum Turbogenerator, um die Wärmeenergie in Elektroenergie umzusetzen.

Der Strom wird durch Hochspannungsleitungen, die südlich des Kühlwasserkanals ihren Ausgangspunkt haben, in das Stromnetz eingespeist und dient hauptsächlich der Versorgung der ukrainischen Hauptstadt Kiew und der umliegenden Gebiete.

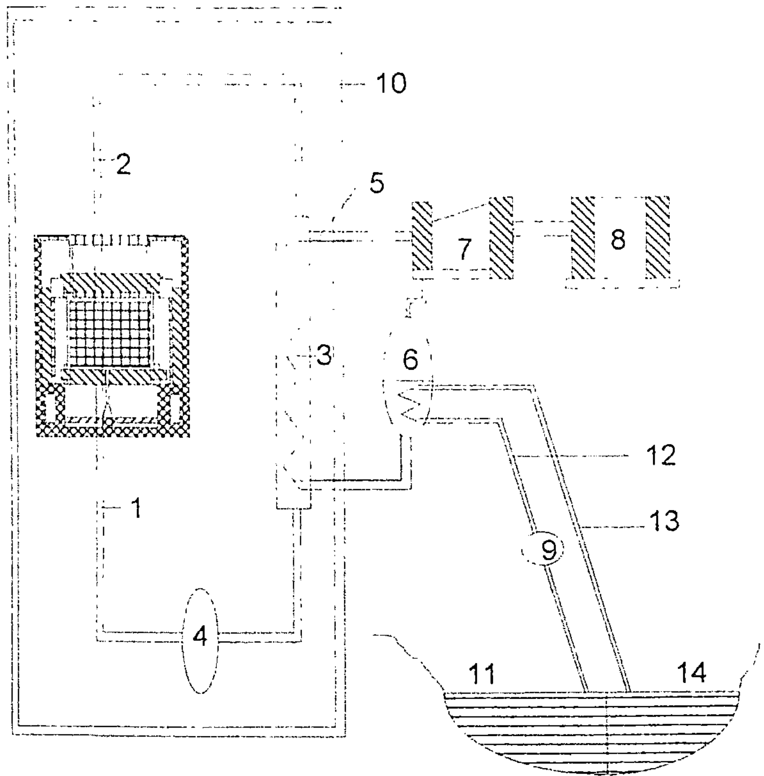


Fig. 3.5 Schematische Darstellung eines Kernkraftwerksblocks: 1 - Druckwasserzuleitung, 2 - Siedewasserableitung, 3 - Trommelseparator, 4 - Hauptumwälzpumpe(n), 5 - Zuführung des Dampfes zur Turbine (7), die den Generator (8) treibt, 6 - Dampfkondensator, 9 - Kühlwasserpumpe, 11 - Kühlwasser, 12 - Kühlwasserzuleitung, 13 - Ableitung des warmen Wassers in den warmen Teil des Kühlwasserteiches, 10 - Teilcontainment

Die Reaktoren 3 und 4 stehen symmetrisch zum Gebäude für die Hilfsanlagen der Blöcke 3 und 4, etwa 100 m voneinander entfernt, in dem

160 m langen Gebäudekomplex (Fig.4.1). Die Mittelpunkte der beiden Reaktoren befinden sich ca. 20 m über dem Erdbodenniveau. Über dem Reaktor gibt es einen Riesenraum (oft als Maschinensaal oder zentraler Saal bezeichnet) mit einer Deckenkrananlage, mit deren Hilfe die Brennelemente auch während des Reaktorbetriebes ausgewechselt werden können. Von diesem Saal aus sind auch die Lagerbecken für neue und für abgebrannte Brennelemente zugänglich.

Die Hauptumwälzpumpen (4 für jede Reaktorhälfte) standen in einem Hilfsanlagengebäude nördlich des Reaktorgebäudes. Zwischen dem Reaktor und dem Turbinenhaus waren die Trommelseparatoren untergebracht.

Fig. 3.6 Sicht auf die Ausbaustufe 2 des KKW Tschernobyl von der Seite des Turbogeneratorenhauses: Im Vordergrund der Kühlwasserkanal an der Pumpstation. Gut sichtbar ist das Lüftungsrohr auf dem Gebäude zwischen den Reaktoren 3 und 4

# 4 Die Reaktorkatastrophe

## 4.1 Die Nacht vom 25. zum 26. April 1986

*Das Experiment am Reaktor*

Als sich die Katastrophe ereignete, war nicht ein alter, vielleicht schon ausgedienter Reaktor betroffen, sondern der jüngste im KKW.
Aus dem vorhergehenden Kapitel kennen wir die Geschichte des Reaktors 4 des KKW am Pripjat. Ein Datum, an das hier erinnert werden soll, ist der Termin seiner Fertigstellung: er wurde Ende Dezember 1983 übergeben. Zum Jahresende waren immer alle Arbeitskollektive bestrebt, außerordentliche Erfolge zu vermelden, so auch die Kernkraftwerkserbauer und -betreiber in Pripjat. Das zahlte sich dann in der Lohntüte aus. Sicher auch bei denen, die für die Abnahme des fertiggestellten Reaktors zuständig waren und ihn für den Dauerbetrieb freigeben mußten. Man kann sich leicht vorstellen, daß manche Arbeiten zum Schluß zwar schnell, aber weniger sorgfältig, und manche Tests weniger gründlich als nötig durchgeführt wurden. Ebenso wichtig wie die zusätzliche Prämie zum Neuen Jahr war das sich aus einer großen Leistung ergebende Ansehen im ganzen Riesenlande. So blieb einfach nicht die Zeit, um alle Untersuchungen durchzuführen. Schließlich konnte man sie  später bei passender Gelegenheit nachholen.

Von solcher Art war auch das Experiment vom 25. April 1986. Es sollte ermittelt werden, ob bei plötzlicher Unterbrechung der Dampfzufuhr zu einer Turbine die auslaufende Turbine noch genügend Strom erzeugen kann, um die Zeit bis zum Wirksamwerden des Notstromaggregates (15 s) zu überbrücken.

Auch diesmal galten die obigen Überlegungen: Eine ökonomischen Gewinn erbringende Idee kurz vor dem 1. Mai zu prüfen, konnte zu einer Erfolgsmeldung in der Nachrichtensendung des zentralen sowjetischen Fernsehens führen, die von vielen Millionen Menschen gesehen wurde. Die Meldung lautete dann etwa: „Die Arbeiter und Ingenieure des Kernkraftwerkes mit dem Namen Lenins in Tschernobyl haben durch ein Experiment beim Abschalten des Reaktors 4 nachgewiesen,

daß die Schwungkraft der auslaufenden Turbine zur Erzeugung des Notstromes in den ersten 15 s nach einem Stromausfall ausreicht. Sie haben dadurch zu Ehren des 1. Mai erhebliche Einsparungen möglich gemacht."
Tatsächlich ist das Experiment im Interesse und im Auftrag eines Fremdbetriebes, einer Turbogeneratorenfabrik, durchgeführt worden. Vielleicht deshalb und auch weil es in Verbindung mit der Stillegung des Reaktors für Wartungsarbeiten stattfand, hatten es die für Reaktorsicherheit Verantwortlichen im Kraftwerk und in den übergeordneten Organen nicht sonderlich ernst genommen.

In diesem Zusammenhang sei noch auf folgendes verwiesen: in der Schaltwarte des Blocks 4 in Tschernobyl hing, wie auch in den anderen Schaltwarten dieses und anderer KKW der UdSSR, ein Schema der Energiekreisläufe des Blockes. Dort sah man auf einer Fläche von mehreren Quadratmetern eine Unmenge von Röhren, Ventilen, Klappen, Pumpen und anderen Aggregaten, zwischen denen der Reaktor, nur etwas größer als eine Streichholzschachtel, kaum ins Auge fiel. Hinzu kam, daß der überwiegende Teil der Arbeiter, Techniker und Ingenieure des KKW, einschließlich der leitenden Angestellten (wie Direktor und Hauptingenieur), nur eine Ausbildung für Wärmekraftwerke absolviert hatte. Auch die Fachleute in den übergeordneten Dienststellen sowie in den zentralen Forschungs- und Entwicklungsinstituten der Energiewirtschaft, die alle ihre Laufbahn in Wärmekraftwerken begonnen hatten, redeten - wenn über den Reaktor gesprochen wurde - so, als ob es sich um einen Dampfkessel handele. Typisch waren Sätze der Art: „Der Reaktor unterscheidet sich durch nichts von einem Dampfkessel." Das führte bei vielen Verantwortlichen zu einer gefährlichen Unterschätzung der von einem Kernreaktor ausgehenden Gefahren, kann man doch diesen „Kessel" nicht einfach ausgehen lassen, indem man die Brennstoffzufuhr abstellt. Der im Reaktorkern vorhandene Brennstoff reicht für drei Jahre und ist auch dann noch sehr unvollständig abgebrannt und somit weiterhin höchst gefährlich.

Wenn man bei dem Vergleich mit dem Dampfkessel bleiben will, so würde in jenem Moment, in dem man im Gefahrenfalle die Brennstoffzufuhr zur Kesselheizung absperrt, in dem Kernreaktor gerade der *Kernbrennstoffvorrat* für die nächsten drei Jahre aktiv werden. Soviel

Brennstoff könnte man tausenden von Heizungsanlagen nicht in kurzer Zeit zuführen! Drei Jahre haben ungefähr 26 000 Stunden, d.h., man müßte einem Heizkraftwerk im Katastrophenfalle eine Stunde lang den Brennstoff von 26 000 gleichgroßen Heizkraftwerken zuführen, dann wäre dort soviel Brennstoff vorhanden wie in einem Kernkraftwerk. Auf eine derart abwegige Idee käme natürlich niemand. Aber diesen im Kernreaktor schon vorhandenen Brennstoffvorrat aus dem eigenen Bewußtsein und aus dem anderer zu verdrängen oder verdrängen zu lassen, das gelingt offenbar selbst Spitzenmanagern und -technikern, die in einem Kernkraftwerk Verantwortung tragen. Deshalb ist eine solche Formulierung „der Kernreaktor unterscheidet sich nicht von einem Heizkessel", mag sie auch in mancherlei Beziehung durchaus zutreffend sein, derart irreführend, daß sie einfach als verbrecherisch bezeichnet werden muß.

Diese allgemeine Situation machte es möglich, daß der Plan für das Experiment am Turbogenerator routinemäßig abgezeichnet und nicht sonderlich beachtet wurde.

Hinzu kam, daß der ursprünglich vorbereitete Plan für das Experiment völlig durcheinanderkam, weil die Stillegung des Reaktors um etwa zehn Stunden verschoben wurde, so daß eine andere Bedienungsmannschaft als geplant das Experiment durchführen mußte.

Der Energiedispatcher aus Kiew hatte wegen einer notwendigen Stillegung in einem anderen Kraftwerk verlangt, daß der Reaktor 4 weiter betrieben werden sollte. So mußten nach einem halben Tag allmählicher Leistungsabsenkung das geplante Experiment sowie das weitere Herunterfahren des Reaktors und die Abschaltung für die Wartungsarbeiten für längere Zeit verschoben werden. Wahrscheinlich hatte auch der Dispatcher nicht weiter darüber nachgedacht, ob seine Entscheidung die Reaktorsicherheit irgendwie betraf.

Die Leistungsabsenkung war am 25. April um 1 Uhr morgens begonnen worden. Mittags gegen 13 Uhr betrug die Reaktorleistung nur noch 50 %, und die Turbine 7 wurde abgeschaltet. Danach hielt man die Leistung bis zum späten Abend auf Forderung der Energiezentrale in Kiew konstant. Ab 23 Uhr begann die weitere Reduzierung. Dabei sackte die Leistung plötzlich sehr stark ab. Der *Reaktoroperateur* arbeitete in einem Bereich, in dem der Reaktor relativ instabil ist und teils schwächer, teils stärker als im Normalbetrieb auf Steuerungen reagiert. Zwei Stunden lang mühten sich die Operateure am Reaktor, die Leistung auf einem Niveau nahe 50 % zu stabilisieren. Mittendrin fand um Mitternacht der Schichtwechsel statt. Am 26. April um 1 Uhr morgens wurde der Reaktor 4 auf Anordnung des stellvertretenden Chefingenieurs, A. Djatlow, mit etwa 60 % seiner Leistung betrieben (ca. 2000 MW thermisch). Der Reaktor produzierte nun fortwährend Spaltprodukte, die ihn „vergifteten" (Xenon). Xenon gilt als ein *Neutronengift*, das durch Einfang von Neutronen die *Reaktivität* herabsetzt. Um die Xenonwirkung zu kompensieren, mußte der *Reaktoroperateur* - immer noch in einem relativ instabilen Leistungsbereich des Reaktors arbeitend - versuchen, die Reaktivität durch andere Maßnahmen (beispielsweise das Ausfahren von *Bremsstäben*) wieder zu erhöhen.

## Die Reaktorkatastrophe

Als das Experiment am 26. April endlich begann, zeigte die Uhr schon die zweite Stunde nach Mitternacht. Zu dieser Zeit hat der Mensch in aller Regel ein Tief in seiner Leistungsfähigkeit. Der Operateur am Schaltpult war jung, wenig erfahren und mit dem Reaktortyp nicht besonders vertraut. Wie später bekannt wurde, hatte er z.B. noch nie ein Havarietraining an einem Simulator für diesen Reaktortyp absolviert. Durch den Schichtwechsel um Mitternacht war die Reaktorbesatzung abgelöst worden, die das Experiment hatte durchführen sollen. Die neue Besatzung war auf das Experiment nicht direkt vorbereitet. Aus der vorhergehenden Schicht blieben allerdings der Schichtleiter, der Reaktoroperateur und der für die Turbinen verantwortliche Ingenieur im Betrieb, um bei dem Experiment anwesend zu sein.
Nach den Aufzeichnungen des Steuercomputers waren zu dieser Zeit 18 *Bremsstäbe* eingefahren und damit weit weniger als die minimal vorgeschriebenen 30. Um 1.03 Uhr und 1.07 Uhr wurden zusätzlich zu den sechs voll funktionierenden *Hauptumwälzpumpen* zwei weitere eingeschaltet. Damit stieg der Wasserdurchfluß von 45 000 auf 60 000 m³/h, was ebenfalls eindeutig die Betriebsvorschriften verletzte.

Der erhöhte Wasserdurchfluß führte zu verringerter Dampfbildung und zu einem um 5 bis 6 Atmosphären verringerten Dampfdruck sowie zu einem niedrigeren Wasserstand in den *Trommelseparatoren*. Unter

diesen Bedingungen können die Druckröhren, durch die das Wasser sehr schnell fließt, in Schwingungen geraten, und es kann zur *Kavitation* kommen (Bildung von Hohlräumen in schnell strömendem Wasser, die beim Zusammenfallen geschoßartig Löcher aus Metalloberflächen herausschlagen können).
Der verringerte Dampfdruck und der niedrigere Wasserstand hätten normalerweise die Notabschaltung des Reaktors zur Folge gehabt. Schichtleiter A. Akimow ordnete jedoch - mit Zustimmung seines Vorgesetzten A. Djatlow - die Blockierung des Sicherheitssystems für diese Parameter an. Schon in diesem Moment hätte wegen der zu geringen Anzahl von Bremsstäben im Reaktor und der Abschaltung mehrerer Sicherheitssysteme die Betätigung des Notabschaltknopfes eine Explosion ausgelöst. Man hätte sie aber noch verhindern können: durch sofortiges Abbrechen des Experimentes und Einschalten des Notkühlsystems sowie des Dieselstromgenerators.

Um 1.22 Uhr verringerte der Kontrollingenieur B. Stoljartschuk den Speisewasserzufluß zu den Trommelseparatoren, was im weiteren zu einer Erhöhung der Temperatur des Wassers führte, das von unten in den Reaktor gepumpt wurde.
30 Sekunden später sah der Reaktoroperateur, Oberingenieur Toptunow, aus dem Ausdruck des Analyse-Computers, daß nur 18 anstelle der minimal erforderlichen 30 *Bremsstäbe* eingefahren waren. Er wußte nicht, ob er dem Computerausdruck trauen sollte, und teilte die Beobachtung seinen Vorgesetzten Akimow und Djatlow mit, unterließ es aber, wenigstens 12 weitere Stäbe einzufahren.
Auch jetzt wäre die Katastrophe noch zu verhindern gewesen: es hätte die Reaktorleistung langsam und sorgfältig heruntergeregelt und der Reaktorkern gekühlt werden müssen. Aber das Havariekühlsystem für den Reaktorkern war blockiert, und nun begann auch noch der Test.

Vier Sekunden nach 1.23 Uhr schloß der Oberingenieur für Turbinenkontrolle, I. Kershenbaum, das Drosselventil für die Dampfzufuhr zur Turbine 8, die daraufhin ihren Lauf zu verlangsamen begann. Da die Turbine 7 abgeschaltet war, hätte in diesem Moment das Notabschaltsystem für den Reaktor wirksam werden müssen. Bezüglich dieses Signals hatte man es jedoch ebenfalls blockiert. Dies war nach Betriebsanleitung natürlich verboten und im Plan für das Experiment

auch nicht vorgesehen. Das Auslösen der Notabschaltung in diesem
Moment hätte aber die Katastrophe nicht nur nicht verhindert, sondern
sogar zu einer früheren Auslösung der Explosionen geführt. Erstaun-
lich ist, daß keine anderweitige Nutzung oder Behandlung des Dampfes vorgesehen war. Wie kann man die Kühlwasserzufuhr verringern,
die Dampfabfuhr sperren und einfach warten, was weiter passiert?
Nachdem die Turbine 8 keinen Dampf mehr erhielt, erhöhten sich der
Druck in den Dampfabscheidern und im Reaktorkern und damit der
hydraulische Widerstand des Reaktors. Infolgedessen nahm der Durch-
fluß des Wassers erheblich ab, und es erfolgte eine schnelle Aufheizung. Das Wasser siedete in zunehmendem Maße. Bedingt durch die
Konstruktion des Reaktors erhöhte sich mit steigender Temperatur die
*Reaktivität*, d.h. die Energieproduktion, einmal durch einen positiven
Temperaturkoeffizienten des Graphits und zweitens durch einen positi-
ven *Dampfblasenkoeffizienten* (je größer der Dampfanteil im Wasser
wurde, desto mehr Wärme erzeugte der Reaktor pro Sekunde). Der
Reaktorkern wurde nicht nur immer heißer, zusätzlich begann er, seine
*Leistung* kontinuierlich zu erhöhen.
Den Leistungsanstieg bemerkte zuerst der Reaktoroperateur L. Top-
tunow. Er meldete dies sofort seinem unmittelbaren Vorgesetzten, dem
Schichtleiter Akimow: „Wir haben einen starken Leistungsanstieg, wir
müssen die Notabschaltung auslösen!" Akimow war einverstanden,
und Toptunow drückte den Knopf zur Leistungsreduzierung bei
Gefahr (Notabschaltung des Reaktors). Nun wurden die Bremsstäbe in
den Reaktor eingefahren, was jedoch sehr langsam (mit einer
Geschwindigkeit von 0,4 m/s) erfolgte. Jetzt kam ein entscheidender
Konstruktionsfehler zum Tragen: in den ersten Sekunden hatte das
Einführen der „*Bremsstäbe*" unter den hier gegebenen Umständen
keine Bremswirkung, sondern erhöhte die Reaktivität und damit die
Energieproduktion des Reaktors. Die Situation des Reaktoroperateurs
war vergleichbar mit der eines Autofahrers, der in einer kritischen
Situation kräftig auf die Bremse tritt und feststellen muß, daß das Fahr-
zeug beschleunigt wird, so als hätte er das Brems- mit dem Gaspedal
verwechselt.
Kurz bevor der rote Knopf gedrückt wurde, wäre der Reaktor vielleicht noch zu retten und die Katastrophe eventuell zu verhindern
gewesen, wenn die Operateure die Notkühlung des Reaktorkerns in

Betrieb gesetzt hätten. Durch die Kühlung wäre die Reaktivität herabgesetzt worden, und danach hätten die Bremsstäbe eingefahren werden können.

So aber erhöhte sich die *Reaktivität* des Reaktors aus drei Gründen:
- wegen des positiven *Dampfblasenkoeffizienten*,
- wegen des positiven Temperaturkoeffizienten des *Moderators*,
- durch die Einführung der *Bremsstäbe*.

Der Reaktor beschleunigte sich in zunehmendem Maße selbst. Innerhalb weniger Sekunden hatte er ein Vielfaches der projektierten maximalen Leistung erreicht, erhitzte sich sehr stark und explodierte.
Wodurch die Explosion zustandekam, ist nicht vollständig geklärt. Wahrscheinlich handeltet es sich um eine Knallgasexplosion. Nach starker Aufheizung hat wohl das Zirkonium, das Umhüllungsmaterial des Kernbrennstoffs, bei Temperaturen über 1100 °C nach folgender Gleichung mit dem heißen Wasserdampf reagiert:

$$Zr + 2\,H_2O = ZrO_2 + 2\,H_2\ (+\,616\ kJ/mol).$$

Aus der Isotopenzusammensetzung der freigesetzten Radionuklide wurde auf eine Temperatur im Reaktorkern von 1350 bis 1550 °C kurz nach der Explosion geschlossen. Demgemäß kann obige Reaktion durchaus stattgefunden haben, so daß der freigesetzte Wasserstoff danach mit dem Sauerstoff in der riesigen Zentralhalle ein explosives Gemisch bildete, das kurz danach explodierte und das schwere Betondach der Halle in die Luft schleuderte. Dabei wurden auch Teile des Reaktorgraphits und des Kernbrennstoffs, der sich mit dem Wasserdampf vermischt hatte, sowie radioaktive Spaltprodukte aus dem Reaktor geschleudert. Dies muß gegen 1.24 Uhr passiert sein.

Zwei Beobachtungen kurz vor der Explosion seien noch erwähnt:
- Der Vorarbeiter in Akimows Schicht, W. Perewostschenko, der sich während der letzten Sekunden vor der Explosion in der zentralen Halle über dem Reaktor befand, sah, wie sich die sieben Zentner schweren Abdecksteine über den Druckröhren des Reaktordeckels plötzlich zu bewegen begannen. Sie flogen in die Höhe und fielen wieder herab.
- Der Pumpenmechaniker W. Chodemtschuk, der die Arbeit der Hauptumwälzpumpen während des Auslaufens der Turbine 8 beob-

achtete, sah zur gleichen Zeit, daß alle 8 Pumpen fürchterlich erschüttert wurden, als ob an ihnen Riesenkräfte rüttelten.
Beide Aussagen lassen erkennen, daß in den Druckröhren, in denen sich die Brennstoffstabbündel befanden und durch die das Kühlwasser floß, ein gewaltiger Überdruck entstand, der die Druckröhren zerstörte und etwa gleichzeitig die *Hauptumwälzpumpen* unwirksam machte. Die Explosionen, die den Reaktordeckel (biologische Abschirmung) anhoben (erste Explosion?), dann das Dach der Zentralhalle, das in viele große und kleine Brocken zerfiel (zweite Explosion?), erfolgten erst deutlich danach. Beide Arbeiter konnten noch eine erhebliche Strecke zurücklegen, um dem Schichtleiter Akimow Meldung zu erstatten. Doch bevor ihnen das möglich war, erfolgte mit gewaltigem Donner die erste Explosion und kurz danach eine zweite.

Für diese Explosionen gibt es viele Ohren- und Augenzeugen. Darunter natürlich die Männer in der Schaltwarte des Blocks 4 (die unzerstört blieb), sicherlich auch andere, die in dieser Nacht im Kernkraftwerk anwesend waren, auch in der Dispatcherzentrale und bei der Feuerwehr. Auch Angler, die an jener Stelle des Kühlwasserteiches des Kraftwerks angelten, an der das warme Wasser aus dem Kraftwerk in den Teich floß, hörten die Explosion und sahen die dunkle Säule zum Himmel steigen.

Zu dieser Zeit befanden sich in der Schaltwarte des Blocks 4 folgende Personen: der stellvertretende Chefingenieur für operative Arbeit, Anatoli Djatlow, der Schichtleiter Alexander Akimow, der Leiter der vorhergehenden Schicht, Juri Tregub, der Reaktoroperateur Leonid Toptunow, der Oberingenieur für allgemeine Kontrolle, Boris Stoljartschuk, der Oberingenieur für Turbinenkontrolle und Leiter des Turbinenabschnitts, der zum Block 4 gehörte, Igor Kershenbaum, sein Stellvertreter Rachim Dawletbajew, der Turbinenoberingenieur der vorhergehenden Schicht, Sergej Gasin, zwei Praktikanten beim Reaktoroperateur der vorhergehenden Schicht, Wiktor Proskurjatow und Alexander Kudrawtzew, und der Direktor des Aufbaubetriebes des Kernkraftwerkes, Piotr Palamartschuk. Außerdem hielt sich in einer Ecke der Schaltwarte, fern vom Bedienungsteil, der Chef des DonTechEnergo-Werkes (der Fabrik, die die Turbogeneratoren für Tschernobyl hergestellt hatte), Gennadi Metlenko mit zwei seiner Assistenten auf.

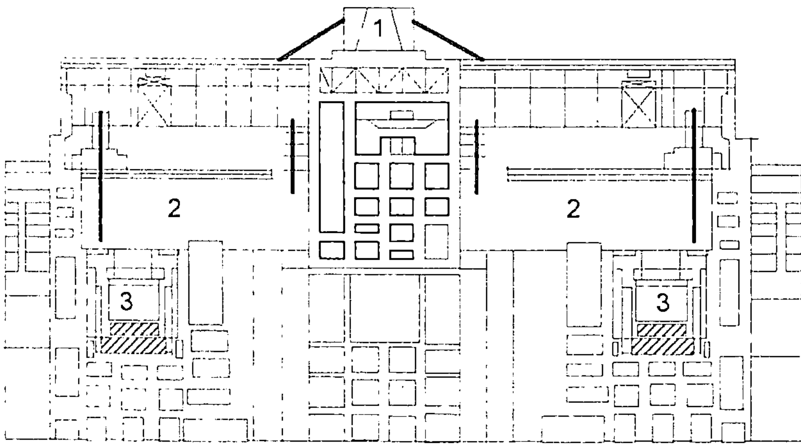

Fig. 4.1 Schnitt durch Block 3 und 4 (vereinfacht): 1 - Abluftrohr (Wahrzeichen des KKW-Gebäudes), 2 - Reaktorsaal (= Zentral- oder Maschinenhalle), 3 - Reaktoren

## *Die ersten Minuten nach den Explosionen*

Etwa eine Minute nach der Explosion wurde Alarm der höchsten Stufe ausgelöst: Feuer, Radioaktivität und Strahlung. Zuerst (um 1. 28 Uhr) traf die auf dem Gelände des Kernkraftwerkes kasernierte Feuerwehr am Reaktor 3 ein. Der Leiter dieses 14 Männer umfassenden Trupps, Leutnant W. Prawik, erkundete die Lage und beschloß angesichts der etwa 30 Brandherde, seine Kräfte auf die Begrenzung des Brandes zu konzentrieren. Alles, was sich über dem Reaktor befunden hatte (Fig.4.1), war hochgeschleudert und ringsum verteilt worden. Auf den Dächern der Turbinenhalle, des Reaktors 3, des Gebäudes zwischen den Reaktoren 3 und 4 und anderen Hilfsanlagengebäuden waren Teile unterschiedlicher Größe aus dem Reaktorkern niedergegangen. Dabei handelte es sich um Brennstoffbündel, Graphitsteine, aber auch kleine Brennstoff- und Graphitstücke. Die größeren, sehr heißen Teile setzten die Bitumenschicht auf den Dächern in Flammen. Über der Turbine 7 war ein Teil des Daches eingestürzt, die Ölleitung zur Turbine und die elektrischen Hochspannungsleitungen waren beschädigt und brannten. Hier begann der Trupp Prawiks mit den Löscharbeiten, um die Ausbreitung des Brandes längs der Turbogeneratorenhalle zu verhindern.

Als nächstes traf um 1.35 Uhr die diensthabende Feuerwehr der Stadt Pripjat ein, 10 Mann unter Leitung von Leutnant W. Kibjonok. Er erkundete den Brand im Reaktorgebäude 4 und auf den Dächern des Zwischengebäudes, wo sein Trupp - zusammen mit Leutnant Prawik, aber ohne dessen Männer - mit den Löscharbeiten begann. Das gewaltige Feuer befand sich überwiegend in großer Höhe oberhalb des Reaktors, zwischen 27 und 72 m über dem Erdboden (Fig. 4.1).
Zu dieser Zeit bemühte sich auch das Kraftwerkspersonal, den Brand im Reaktorgebäude 4 zu löschen, insbesondere im Reaktor selbst. Von allen Seiten wurde Wasser in den Reaktor und in das Reaktorgebäude hineingepumpt.
Um 1.40 Uhr eilte der Leiter der Feuerwache des Kernkraftwerkes, Major L. Teljatnikow, aus dem Kurzurlaub herbei und übernahm die Leitung der Löscharbeiten. Er beschloß, vordringlich Brände an einzelnen Stellen auf dem Dach des Reaktorgebäudes 3 zu löschen, die durch niedergefallene, heiße Teile des Reaktors 4 entstanden waren. Der Reaktor 3 blieb unter dem brennenden Dach noch voll in Betrieb und wurde erst viele Stunden später abgestellt.
Die Löscharbeiten in den oberen Räumen von Block 4 und auf den Dächern des Blocks 3 sowie des Zwischengebäudes wurden vor allem vom Trupp von Leutnant Kibjonok und von Leutnant Prawik, dessen Männer noch mit dem Löschen des Brandes im Turbinenhaus beschäftigt waren, durchgeführt.

Die beiden jungen Offiziere und auch vier Feuerwehrleute aus Kibjonoks Zug bezahlten ihren mutigen Einsatz mit dem Leben. Was passiert wäre, wenn sie es nicht geschafft hätten, den Brand durch ihren Einsatz einzudämmen, ist schwer abzuschätzen. Wenn Teile des brennenden Daches von Block 3 auf den noch laufenden Reaktor gestürzt wären, hätte auch dort eine Havarie stattfinden können...
Alle sechs Opfer waren um die 20 Jahre alt. Prawiks Frau, eine Musiklehrerin, hatte einen Monat vorher ein Kind bekommen.
Nach der Feuerwehr aus Pripjat kamen auch bald zwei Wehren aus der Kreisstadt Tschernobyl zum Katastrophenort und beteiligten sich an der Bekämpfung des Brandes.

Gegen 2.10 Uhr war das Feuer auf dem Dach des Turbinensaales gelöscht. Um 2.30 Uhr hatte man die übrigen Brandherde lokalisiert.

Von oben her wurde mit mächtigen Wasserstrahlen das Feuer in den verschiedenen Räumen des Reaktorblocks 4 bekämpft.
Von überall her aus dem Kiewer Gebiet trafen nun Feuerwehren ein. Um 4 Uhr waren 15 Feuerwehren an der Brandbekämpfung beteiligt. Aus weiteren ankommenden Feuerwehren wurde 5 km vor dem Reaktor eine Reserve gebildet und ein Ablösesystem für die Beteiligten eingerichtet, da kein Zweifel bestand, daß ein sehr hoher Strahlenpegel herrschte.

Nach dem Protokoll der Feuerwehr konnte der Brand um 4.50 Uhr im wesentlichen lokalisiert und bis 6.35 Uhr vollständig gelöscht werden.

Undurchsichtig bleibt das Verhalten der Kraftwerksleitung während dieser Zeit, insbesondere des Kraftwerksdirektors W. Brjuchanow. Nachdem er gegen 2 Uhr im Kraftwerk eingetroffen war, gab er zusammen mit dem Parteisekretär der Stadt Pripjat falsche Meldungen über die Strahlensituation nach der Havarie an die übergeordneten verantwortlichen Stellen weiter. Er und der leitende Ingenieur des Kraftwerkes, N. Fomin, sind dafür verantwortlich, daß unmittelbar nach der Havarie geeignete *Dosimeter* zur Messung der *Dosisleistung* nicht zur Verfügung standen. Dem Leiter des Stabes der Zivilverteidigung des Kraftwerkes, S. Worobjow, der um 2.15 Uhr im Kraftwerk eintraf und mit seinem Privatauto - ausgerüstet mit einem Dosimeter mit geeignetem Meßbereich - sofort begann, die Dosisleistungswerte um den havarierten Kraftwerksblock herum zu messen, „glaubte" weder der Direktor noch der neben ihm sitzende Parteisekretär, daß die Dosisleistungswerte für die dort Arbeitenden lebensgefährlich hoch waren. Brjuchanow „vertraute" lieber dem dosimetrischen Dienst des Kraftwerks, der über derart hohe Werte deshalb nicht berichtete, weil die vorhandenen Dosimeter in einem niedrigeren Skalenbereich bis zum Ende ausschlugen und man diesen Ausschlag in Ermangelung geeigneter Meßgeräte als tatsächlichen Wert angab.
Deshalb wurden auf alle Nachfragen auch der übergeordneten Stellen falsche Auskünfte gegeben. S. Worobjows Meldung, die er trotz Verbot durch den Kraftwerksdirektor dem Kreisstab der Zivilverteidigung erstattete, wurde dort wenig beachtet. Bei einer Sitzung verantwortlicher Leiter, die ab 10 Uhr in der Stadt Pripjat stattfand und an der W. Brjuchanow teilnahm, beruhigte er die Teilnehmer: es sei

nichts Gefährliches passiert, das Leben in der Stadt müsse seinen normalen Gang weitergehen. Da waren die Kinder schon in der Schule, und auf den Straßen der Stadt nahm der Handel seinen für einen Sonnabendvormittag normalen Verlauf.
Auf Fragen antwortete W. Brjuchanow noch bis Sonnabendmittag beschwichtigend: der Brand sei vollständig gelöscht, die Dosiswerte zwar etwas erhöht, aber unterhalb der Gefahrenschwelle; es habe eine Dampfverpuffung gegeben, die Situation sei unter Kontrolle.

Daß der Reaktor 4 explodiert war, wurde einfach nicht zur Kenntnis genommen. Der Stellvertreter des Hauptingenieurs für Fragen der Wissenschaft, M.A. Ljutow, der gleichzeitig für nukleare Sicherheit verantwortlich war, erschien etwa um 5 Uhr zur Arbeit. Er umfuhr mit dem Auto des Direktors den Block 4, bemerkte aber nach seinen eigenen Worten nichts Gefährliches. Seinem Laborleiter für Spektroskopie gab er den Auftrag, Wasser- und Schlammproben zu untersuchen. Gegen Mittag stand dann fest, daß in dem durch das Löschwasser entstandenen Matsch nicht nur Graphit, sondern auch Kernbrennstoff enthalten war. Dies teilte man gegen 1 Uhr Brjuchanow mit. Der leitende Ingenieur, Fomin, hatte aber schon um 10 Uhr Graphitstücke vor dem Block 4 liegen sehen.


## 4.2 Der brennende Reaktor

*Wie löscht man brennende Kernreaktoren?*

Wie sich bald herausstellte, war das Feuer nicht endgültig gelöscht. Bekanntlich muß man bei einem großen Haufen glühender Steinkohlen auch nach dem Löschen tagelang Brandwache halten, weil das Feuer immer wieder neu ausbrechen kann. Dem Brennstoffvorrat im Reaktor aber entsprach eine kaum vorstellbar große Steinkohlenmenge: 190 t Uran, davon etwa 3 t Uran-235, die einer Menge von etwa zehn Millionen t Steinkohle entsprechen.
So glühte der Reaktor nach Abzug der Feuerwehr weiter, obwohl durch das Kraftwerkspersonal ständig in großen Mengen Wasser hineingepumpt wurde. Gegen Morgen mußte der Reaktor 3 wegen Wassermangels und Überschwemmungsgefahr abgestellt werden. Im

Laufe des Tages wurden die Wassermassen auch für die weiter entfernt liegenden Reaktoren 1 und 2 immer gefährlicher. Um sie nicht abschalten zu müssen, wurden die Pumpen zum Reaktor 4 am Sonnabendabend abgestellt.

Am Sonnabendnachmittag traf in Pripjat eine hochrangige Kommission der Regierung aus Moskau ein, um die Havarie zu untersuchen und die Folgen zu „liquidieren". Sie stand unter Leitung des stellvertretenden Ministerpräsidenten B. Schtscherbina, in der Regierung für Energiefragen zuständig. Ihm unterstanden also das Energieministerium und auch Teile von Maschinenbauministerien. Schon mittags hatte das Energieministerium eine Gruppe verantwortlicher Leiter und Spezialisten nach Pripjat geschickt, die versuchten, die Lage im Kraftwerk zu analysieren. Sofort wurde an den wichtigsten Punkten die *Dosisleistung* der Kernstrahlungen gemessen, so daß abends der Regierungskommission die Lage dargelegt werden konnte. Die Strahlung war so stark, daß mit den Vorbereitungen zur Evakuierung der Stadtbevölkerung begonnen wurde, obwohl die Debatte, ob eine Evakuierung erforderlich sei, noch andauerte.

In der Nacht zum Sonntag wurden dann auch die Reaktoren 1 und 2 um 1.13 Uhr und um 2.13 Uhr abgeschaltet.

Die Einschätzung der Lage am havarierten Reaktor war für die Regierungskommission ein großes Problem. Da der Reaktor noch brannte, war die Frage vordringlich, wie verhindert werden konnte, daß eine sich selbst beschleunigende Kettenreaktion einsetzt, die zu noch größerem Radioaktivitätsausstoß in die Umwelt und somit zur Ausweitung der Katastrophe führt.

Hier kann nicht ausführlich auf die Arbeiten der Gruppe eingegangen werden, die sich mit dieser Frage und damit, wie man Brände in Kernreaktoren löschen kann, beschäftigte. Sie stand unter Leitung von Akademiemitglied W. Legasow /LEG 89/, der später in Genf vor der IAEA den Bericht über die Katastrophe /IAEA 86/ erstattete. Weil aber nicht auszuschließen ist, daß die Menschheit auch künftig mit einem derartigen Problem konfrontiert wird, sollten Fachleute (etwa von der Internationalen Atomenergie Behörde IAEA) eine Konzeption ausarbeiten und vielleicht auch eine internationale Feuerwehr dafür vorbereiten. Wenn noch einmal ein Kernreaktor brennt, könnte die Menschheit dann darauf besser vorbereitet sein.

Am Reaktor 4 wurde Verschiedenes versucht, obwohl man in den Reaktor nicht hineinsehen konnte. Anfangs war die dort herrschende Temperatur nicht bekannt. Konventionelle Lösungen, wie etwa das Abkühlen mit Wasser oder das „Ersticken" des Brandherdes durch Abdecken mit Sand, führten nicht zum Erfolg. Aus Hubschraubern wurden auf den Reaktor folgende Materialien abgeworfen: 40 t Borcarbid (als *Bremssubstanz*), 800 t Dolomit (Schutzabdeckung zur Erstickung des Brandes), 1800 t Sand zur Einschnürung des Brandes, 2400 t Blei zur Brandversiegelung und zur Strahlenabschirmung.

Erst am 5. Mai gelang es, den Reaktorkern langsam abzukühlen. Durch eine Rohrleitung unterhalb des Reaktors wurde kalter Stickstoff hineingeblasen. Mit sinkender Temperatur ging auch die Emission radioaktiver Isotope stark zurück. Im Grunde gibt es nur eine sichere Methode, die aber in Tschernobyl nicht angewendet werden konnte und wahrscheinlich auch in einem anderen Falle nicht angewendet werden kann: den Kernbrennstoff aus dem Reaktor entfernen! Dies ist aber selbst bei dem heute immer kälter werdenden Reaktor 4 ein großes und daher immer noch ungelöstes Problem.
Ein weiterer naheliegender Gedanke ist, eine Substanz in den Reaktor einzubringen, die Neutronen einfängt und damit die Kettenreaktion unmöglich macht. Dabei besteht aber das Problem, daß diese Substanz wirklich zwischen das Uran gebracht werden muß; wenn sie oben auf dem Reaktorkern liegt, kann sie nicht wirksam werden. Doch nur dorthin kann sie relativ leicht gebracht werden, beispielsweise durch Abwurf aus Hubschraubern. Dabei hat sich im konkreten Fall jedoch herausgestellt, daß der Reaktordeckel nicht, wie man angenommen hatte, in die Luft geflogen war, sondern verkantet auf dem Reaktor liegt. Vielleicht blieben deshalb die vielen Tonnen abgeworfenen Materials  so wenig wirksam?

In Tschernobyl brannte der Reaktor 10 Tage. Nachdem der Brand nach drei Tagen fast gelöscht schien, wurde der Reaktor wieder heißer und brannte immer heftiger. Trotz Einsatz schwerster Technik, die eines der mächtigsten Länder unserer Erde zur Verfügung hatte (einschließlich Hilfe aus anderen Staaten, wie Frankreich, Deutschland und Japan), gewaltiger Kräne, Hubschrauber, Roboter und schwerer Bergbautechnik war es nicht möglich, den Brand schneller zu löschen.

Wir müssen auch daran denken, daß die Gefahr bestand, mit Löscharbeiten eine sehr viel gewaltigere Explosion auszulösen. Man hätte nur den Vorschlägen einiger „Experten" folgen müssen, den Brand zu „ersticken". Vielleicht war sogar der querliegende Deckel dafür entscheidend, daß es nicht schlimmer gekommen ist?

Zum Schluß war es trotz vieler menschlicher Heldentaten - von den Feuerwehrleuten über die Hubschrauberpiloten, die mutig schwere Lasten in den Reaktor warfen (ein Hubschrauber stürzte ab, wobei die gesamte Mannschaft umkam) und die Spezialisten, die das Wasser aus den Räumen unter dem Reaktor pumpten, bis hin zu den Bergleuten, die den Reaktor untertunnelten - mehr ein Zufall, daß der Reaktorkern so schmolz, daß die Kettenreaktion allmählich zum Erliegen kam (siehe Kapitel 9: die Lava von Tschernobyl).

Nach Schätzungen der sowjetischen Experten sind höchstens 4 % des Kernbrennstoffs aus dem Reaktor in die weitere Umgebung (außerhalb des Kernkraftwerksgeländes) gelangt. Allerdings ist ein größerer Teil der leichtflüchtigen radioaktiven Spaltprodukte (Edelgase, Jod, Tellur, Cäsium) freigesetzt und über weite Entfernungen transportiert worden. Man kann sich leicht vorstellen, daß alles hätte viel schlimmer kommen können.

Bei dem Teil der Bevölkerung der Ukraine, Weißrußlands und Rußlands, der in den Gebieten wohnte, durch die radioaktive Wolken zogen, entstand infolge des Verhaltens der Kraftwerksleitung großer Schaden. Nichts Böses ahnend, freuten sich überall die Kinder, daß sie sich nach dem Ende der Schulwoche im Freien erholen konnten. Auch die Erwachsenen verbrachten den schönen Frühlingstag und den folgenden Sonntag vielfach an der frischen Luft. Eine Warnung am Sonnabendmittag oder wenigstens am Sonntagmorgen hätte die Strahlenbelastung von mehreren Millionen Menschen erheblich verringert. Außerdem wäre bei vorbeugender Behandlung mit Jodtabletten, wie sie in Pripjat am Sonnabend ausgeteilt wurden, die Schilddrüsenbelastung nicht so hoch gewesen, und heute hätten vielleicht in Weißrußland, der Ukraine und Rußland mehrere hundert Kinder weniger Schilddrüsenkrebs. Diese Politik der Nichtinformation der Bevölkerung wurde leider durch die Regierungskommission auch nach genügend genauer Kenntnis der Lage fortgesetzt, wodurch sich der gesundheitliche Schaden für die Menschen weiter vergrößerte. Hierfür hätte nicht nur Brjuchanow (wie geschehen) vor Gericht gestellt und verurteilt werden müssen.

Fig. 4.2 Blick auf das KKW: vorn rechts die Abdeckung des havarierten Blocks 4, dahinter das Lüftungsrohr und die Dachüberdeckung von Block 3, weiter links die Blöcke 2 und 1, hinter Block 2 der Kühlturm für die Reaktoren 5 und 6, im Hintergrund links der Kühlwasserteich

## 4.3 Die Beseitigung von Folgen der Katastrophe auf dem Kraftwerksgelände

Bei den Aufräum- und Entaktivierungsarbeiten nach der Havarie des Reaktors hat die sowjetische Armee eine wichtige Rolle gespielt. In den ersten Tagen und Wochen waren vielfach Offiziersschüler und reguläre Truppen (Hubschrauber, Pioniertruppen, chemische Truppen und Einheiten des Sanitätsdienstes) im Einsatz; in der Mehrzahl junge Leute im Alter zwischen 18 und 25 Jahren. Später wurden von der Armee für jeweils einige Wochen überwiegend Reservisten eingesetzt, meist zwischen 25 und 35 Jahre alt. Zivile Einsatzkräfte standen unter der Regie des Energieministeriums, dem das Kraftwerk unterstand, oder sie kamen auch aus den Bereichen der Maschinenbauministerien.

Die Gesamtzahl der „*Liquidatoren*", wie all jene genannt wurden, die an der Beseitigung der Katastrophenfolgen im Kernkraftwerk und in dessen näherer Umgebung beteiligt waren, ist nicht bekannt. Sie geht aber in die Hunderttausende. Wenn man die mehr als 100 000 Einwohner, die schrittweise aus der 30-km-Zone um das Kraftwerk evakuiert wurden, und die Bauern in den Dörfern der hochradioaktiven Gebiete mitzählt, dann wurden mehr als eine Million Menschen erheblich mit ionisierenden Strahlungen belastet.

Damals liefen ja gerade die Frühjahrsarbeiten auf den Feldern. Traktoristen, die morgens mit dem Traktor zur Arbeit fuhren, waren wegen des trockenen Wetters Ende April/Anfang Mai den ganzen Tag von Staubwolken umgeben, die radioaktives Cäsium und Strontium enthielten. In den ersten Wochen war außerdem die Luft mit radioaktivem Jodgas angereichert. Diese drei radioaktiven Elemente lagerten sich auf Pflanzenblättern ab und wurden auch reichlich von den weidenden Haus- oder Wildtieren mit dem Futter aufgenommen. Sie kamen über die Nahrung (Milch- und Milchprodukte, Frühgemüse, Fleisch) in den menschlichen Körper (siehe Kapitel 8).

Ein großes Versäumnis bei den Arbeiten zur Beseitigung der Havariefolgen war die ungenügende Erfassung der *Expositionsdosen*, denen die an der Arbeit beteiligten Menschen ausgesetzt waren. Dies betrifft besonders die Armeeangehörigen. Jedes der drei beteiligten Ministerien war selbst für die Dosismessung bei den von ihm gestellten Leuten verantwortlich. Das Verteidigungsministerium führte keine Personendosimetrie durch. Den Soldaten und den Reservisten wurden Werte bescheinigt, die sich aus der Dosisleistung am Übernachtungsort ergaben, so daß die viel höheren Werte bei der Arbeit am havarierten Reaktor nicht berücksichtigt werden konnten.

Auch bei den anderen Ministerien sind die registrierten und attestierten Dosen nicht immer zutreffend. Die Einsatzkräfte erhielten dreifache Monatslöhne, doch wenn die maximal zulässige Dosis erreicht war, wurde ausgewechselt. Wer trotzdem länger bleiben wollte, der packte sein Personendosimeter einfach zwischendurch für längere Zeit in eine Bleikassette oder schirmte es sonstwie gegen Strahlung ab.

Fig. 4.3 Blick auf den „Sarkophag", die Umhüllung des havarierten Blocks 4

# 5  Die radioaktiv verseuchten Gebiete

## 5.1 Die großen, am stärksten belasteten Gebiete in der Ukraine, in Weißrußland und Rußland

Durch die Explosion des Reaktors 4 in der Nacht vom 25. zum 26. April 1986 im Kernkraftwerk am Fluß Pripjat wurden große Teile Europas mit radioaktivem Material kontaminiert. Das am stärksten betroffene Gebiet liegt zum größten Teil innerhalb einer Zone von 30 km (Radius) um den Reaktor. Es gehört etwa zu zwei Dritteln zur Ukraine. Der Rest liegt in Weißrußland (Fig.5.1).

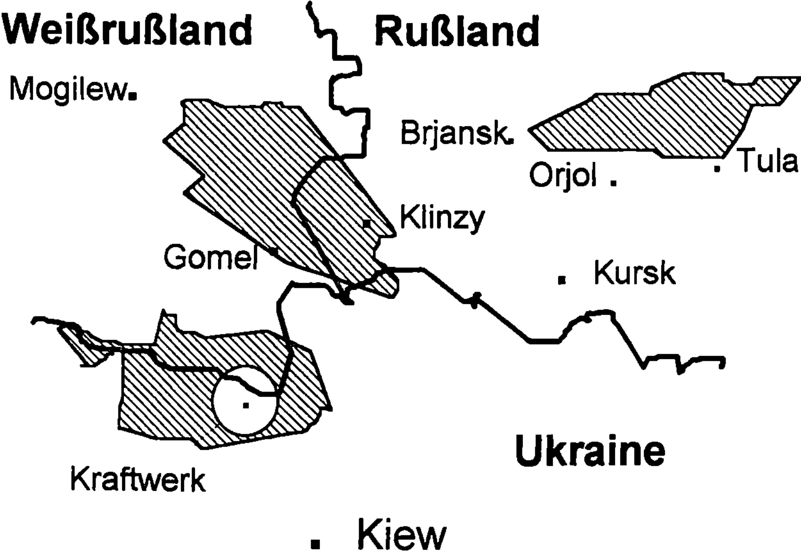


Fig. 5.1 Skizze zur Lage der stark radioaktiven Gebiete in Rußland. Weißrußland und der Ukraine (Staatsgrenzen eingezeichnet)

Diese „Sonderzone" hat eine Ausdehnung von fast 3000 km². Ganz Berlin und auch noch die nähere Umgebung, etwa Bernau, Teltow, Potsdam, wären bequem darin unterzubringen. Die eigentliche Stadt-

fläche Berlins, ca. 900 km², würde nur etwa ein Drittel dieser Zone ausmachen. Aus diesem Gebiet wurde die gesamte Wohnbevölkerung von etwa 100 000 Einwohnern innerhalb weniger Tage ausgesiedelt.
Um diese Zone herum, vor allem in westnordwestlicher Richtung, liegt ein Gebiet von etwa zehnfacher Größe, das ebenfalls stark radioaktiv belastet (*kontaminiert*) ist. Auf Teilflächen ist hier sogar die Radioaktivität höher als in Teilen der Sonderzone um das KKW. Fast die Hälfte dieser Fläche liegt in Weißrußland.
Ein der Fläche nach noch etwas größerer, fast genauso stark radioaktiver Landstrich zieht sich ellipsenförmig von der ukrainisch-russischen Grenze südlich der russischen Städte Starodub und Klinzy in Richtung Nordwest bis hin zur weißrussischen Stadt Mogiljow (etwa 120 km). Gut ein Drittel davon liegt in Rußland im Gebiet Brjansk, zwei Drittel gehören zu Weißrußland, hauptsächlich zum Gebiet Gomel.
Ein weiteres, allerdings schwächer belastetes Gebiet befindet sich nördlich der Städte Brjansk, Orel und Tula in Rußland, vom Ort der Havarie aus gesehen auf halbem Wege nach Moskau.

Doch kontaminierte Landstriche gibt es in der früheren Sowjetunion noch weitere: Durch die ersten Kernwaffenversuche, die sowohl in der UdSSR als auch in den USA oberirdisch stattfanden, wurde nicht nur das jeweilige Versuchsgelände radioaktiv verseucht, sondern die radioaktiven Wolken verteilten sich über weite Gebiete der nördlichen Halbkugel.
In den USA war schon im August 1945 ein Fall radioaktiver Verseuchung bekanntgeworden: Etwa 1700 km vom Ort des ersten Trinity-Kernwaffenversuchs entfernt stellte eine Firma in Indiana Kartonmaterial zur Verpackung von Röntgenfilmen her. Auf den Filmen wurden nach 14 Tagen trübe Stellen entdeckt. Nach genauer Überprüfung stellte sich heraus, daß die Gamma-Strahlung von Cer-141 ausging, das bei der Explosion entstanden und über Wolken, Wind und Regen in den Fluß gelangt war, dessen Wasser bei der Herstellung des Verpackungsmaterials Verwendung fand.

Vom ersten Kernwaffentest der UdSSR, der am 29. August 1948 unter führender Teilnahme von Igor Wasiljewitsch Kurtschatow stattfand, der die Entwicklungsarbeiten geleitet hatte, liegen inzwischen Augenzeugenberichte vor. In den USA ist der erste Test um 9 Tage, dann um weitere drei Tage, schließlich nochmals um eine Stunde und zuletzt noch um 30 Minuten verschoben worden, so daß er nicht um 4 Uhr, sondern um 5.30 Uhr stattfand. Der sowjetische Test dagegen erfolgte, nachdem man geeignetes Wetter abgewartet hatte, noch vor Sonnenaufgang. Die Ladung (Plutonium) war auf einem Stahlgerüst montiert. Durch die Kernexplosion entstand eine strahlende Halbkugel, die mit einem Vielfachen der Strahlungsintensität unserer Sonne den Frühdunst durchstrahlte. Die künstliche Sonne ging nicht im Osten auf, sondern strahlte aus dem Süden. Der Testort lag vermutlich nordöstlich des Kaspischen Meeres und südlich des Uralgebirges. Andere große Versuchsgelände liegen in Ostkasachstan, südlich der russischen Stadt Semipalatinsk und auf der Insel Nowaja Semlja.

Über Gedanken und Gefühle der damals führenden Wissenschaftler und Techniker ist weniger bekannt als aus den USA. Einerseits muß davon ausgegangen werden, daß der gefürchtete sowjetische Geheimdienst unter persönlicher Leitung seines Chefs L. Berija für eine weitgehende Abschirmung sorgte und offene Äußerungen gegen die Bombe sicher lebensgefährlich gewesen wären. Andererseits sollte nicht vergessen werden, daß der kalte Krieg sich auf seinem Höhepunkt befand. Im Pentagon wurde an Plänen gearbeitet, in einem Erstschlag alle wichtigen Städte der UdSSR durch Kernwaffen zu vernichten. Dies war nicht nur der politischen Führung, sondern auch den maßgeblich an der Kernwaffenentwicklung beteiligten Wissenschaftlern und Technikern bekannt: eine tödliche Bedrohung auch für sie. Die Stadt Tscheljabinsk und sicher auch das „Kombinat" in Kyshtym (heute Osjorsk), wo der Sprengstoff für die Atombomben produziert wurde, gehörten dazu. Außerdem gingen alle Beteiligten davon aus, daß die Kernwaffen der UdSSR in nächster Zeit nicht zum Einsatz kommen würden, sondern ein Patt auslösen, das vielleicht für lange Zeit oder gar für immer den weiteren Einsatz von Kernwaffen verhindert.

Weitere Gebiete hoher radioaktiver Verseuchung liegen in Rußland in der Nähe der Stadt Kyshtym (Osjorsk) (Luftlinie ca. 60 km nordwestlich von Tscheljabinsk). Aus den dort errichteten Anlagen gelangte mehrfach radioaktives Material in die Umwelt. Beispielsweise wurde durch eine Explosion am 29. September 1957 frühmorgens eine Aktivität von etwa 2 MCi (dies ist etwa gleich 70 PBq $= 70 \times 10^{15}$ Bq)

freigesetzt. Das sind rund 2% der Radioaktivität, die bei der Katastrophe von Tschernobyl in die Atmosphäre gelangte.
Damals war ein großer Tank mit radioaktiven Abfällen explodiert. Unglücklicherweise wehte ein starker Wind, der die Explosionswolke in vier Stunden fast 100 km weit trug, wobei ein knapp 10 km breiter radioaktiver Streifen entstand. Dieser befindet sich in den Gebieten Tscheljabinsk, Swerdlowsk (Jekaterinenburg) und Tjumen. Der Hauptbelastungsfaktor ist dabei Strontium-90, aber auch schwere radioaktive Elemente (z.B. Plutonium) sind vertreten. Aus diesem Streifen sind etwa 10 000 Menschen evakuiert worden. Die Stadt Kyshtym wurde jedoch nicht evakuiert. Im Kombinat mußte weitergearbeitet werden. Zu dieser Zeit bestand eine übliche „Strahlenschutzmaßnahme" darin, daß man zu Hause vor der Wohnungstür die Schuhe auszog.
Wodurch kam diese Explosion zustande? Stark radioaktive Lösungen lagerte man in großen Edelstahlbehältern („Konserven zur ewigen Aufbewahrung"). Das Lager wurde automatisch klimatisiert. Austretende Radioaktivität oder eine erhöhte Wärmeproduktion sind nicht bemerkt worden. Täglich mehrfach fanden Kontrollgänge durch geschultes ingenieurtechnisches Personal statt. Es wurde nichts Auffälliges festgestellt. So kam die Explosion am frühen Morgen des 29. September 1957 auch für die leitenden Mitarbeiter wie ein Blitz aus heiterem Himmel.
Später erklärte man sich die Explosion so: In einem der Edelstahlgefäße war es zu einer Konzentration des radioaktiven Materials gekommen. Dies kann durch Austrocknen des Lösungsmittels oder durch Sedimentation geschehen sein. Die Temperatur in dem Gefäß erhöhte sich. Weiteres immer schneller werdendes Verdampfen des Lösungsmittels führte abermals zur Konzentration des radioaktiven und spaltbaren Materials, bis sich am Gefäßboden ein explosives Gemisch bildete, das dann - nach Ansammlung einer kritischen Masse - auch folgerichtig explodierte. Diese Explosion war so gewaltig, daß die 1,5 m dicke Betondecke des Lagers für radioaktive Abfälle auf dem Kombinatsgelände wie eine Feder abgehoben wurde und eine Explosionssäule von etwa 1 km Höhe entstand.
Von der entwichenen Radioaktivität verblieben etwa 90% im Kombinat, und 10% verteilten sich auf dem schmalen Korridor, über den der Wind die Explosionswolke trieb. In diesem Gebiet, besonders in seinem

unweit des Kombinats gelegenen Teil, wurden in der Folgezeit Arbeiten zur Entaktivierung und späteren landwirtschaftlichen Nutzung stark kontaminierter Flächen durchgeführt. Unter anderem produzierte man im Kombinat Spezialmaschinen zur Entaktivierung und zum Tiefpflügen. Auf größeren Flächen erfolgte Gemüseanbau. Man pflügte den Boden einfach 50 cm tief um, wodurch die Gefahren für Pflanze, Tier und Mensch beseitigt schienen. Landwirtschaftliche Kulturen wurden in noch größerem Maßstab angebaut als Gemüse. Große Flächen nutzte man zur Tierhaltung. So entstand beispielsweise eine Farm mit 3000 Milchkühen und 1500 Fleischrindern auf dem radioaktiv belasteten Gebiet. Es ist zu vermuten, daß durch diese landwirtschaftliche Nutzung viele Menschen in den Industriegebieten um die Millionenstädte Jekaterinenburg und Tscheljabinsk direkt oder indirekt strahlengeschädigt wurden. Obwohl das Strontium mit seiner ß-Strahlung geringer Reichweite für den Menschen praktisch keine Strahlenbelastung von außen hervorruft, stellt es wegen seiner chemischen Verwandtschaft mit Kalzium eine große Gefahr dar, wenn es in den menschlichen Körper gelangt. Es wird in die Knochen eingelagert und bestrahlt das sehr empfindliche Knochenmark.

Man weiß auch von sowjetischen Experimenten, bei denen Tiere verschiedener Art und Größe der Wirkung von Kernwaffen ausgesetzt wurden. Man hat sie dazu in der Vorbereitungsperiode täglich an eine bestimmte Stelle im zukünftigen Versuchsgelände gebracht und dort auch gefüttert, abends aber wieder abtransportiert. Die Skala der Versuchslebewesen reichte von Einzellern über Insekten, Mäuse, Ratten, Kaninchen bis zu Hunden und Rindern. Ihr Gesundheitszustand wurde vor dem Kernwaffenversuch gründlich analysiert. Nach der Explosion wurden die Tiere von ihren Betreuern eingesammelt und die eingetretenen Wirkungen in Speziallabors diagnostiziert und ausgewertet. Für derartige Versuche wählte der Geheimdienst als Betreuer junge Soldaten und Offiziere oder Arbeiter aus dem zivilen Leben aus. Sie mußten jahrelang unter Bedingungen extremster Geheimhaltung leben und arbeiten. Der Strahlenschutz fand dabei in der Regel kaum Beachtung. Wie viele der Beteiligten an akuten oder chronischen Strahlenkrankheiten starben, wird wohl unbekannt bleiben.

Das „Chemische Kombinat Mendelejew" in der Nähe der Stadt Kyshtym bei Tscheljabinsk, das der Kernwaffenproduktion diente, leitete einen Teil seiner Abwässer direkt in den Fluß Tetscha und in einen nahegelegenen See. Auch dadurch wurden weite Gebiete verseucht.

Über den heutigen Zustand der Versuchsgelände in den USA, in der Sahara (wo Frankreich Kernwaffenversuche durchführte), in Australien (britische Versuche), auf Bikini (USA), auf den Monte-Bello-Inseln (Großbritannien) und auf dem Mururoa-Atoll (Frankreich) liegen wenig öffentlich zugängliche Informationen vor. Noch weniger ist jedoch im Westen über die Versuchsgelände in der früheren UdSSR bekannt, etwa über das Gebiet südlich des Ural, wo die ersten sowjetischen Kernwaffenversuche stattfanden, das „Polygon" nahe Semipalatinsk in den ostkasachischen Steppen, wo die ersten sowjetischen Wasserstoffbomben und ihre Wirkung auf Tiere getestet wurden, oder über das Kernwaffenversuchsgebiet auf der Polarinsel Nowaja Semlja. Am wenigsten weiß man über entsprechende Versuchsgelände in China.

## 5.2  Radioaktivität im übrigen Europa

Die westeuropäischen Atommächte Großbritannien und Frankreich haben ihre Atombombentests nicht auf dem eigenen Territorium durchgeführt. Gewarnt durch die schrecklichen Folgen von Hiroshima und Nagasaki, aber auch durch die Strahlenopfer der Tests in den USA und der UdSSR, verlegten sie die gefährlichen Experimente lieber in ihre Kolonien oder in „unbewohnte" Gebiete des pazifischen Ozeans.
Bei oberirdischen Kernwaffenversuchen steigt der sich nach der Explosion bildende Pilz jedoch weit in die Höhe, und die darin enthaltene Radioaktivität geht nicht nur in der näheren und weiteren Umgebung der Versuchsplätze nieder, sondern sie verteilt sich über den gesamten Erdball, wobei in der Regel der größere Teil jeweils auf derjenigen Halkugel verbleibt, auf der die Explosion stattgefunden hat (Nord- oder Südhalbkugel).
Der Höhepunkt der weltweiten radioaktiven Belastung war Ende der fünfziger, Anfang der sechziger Jahre erreicht. Danach nahm die Anzahl der Versuche in der Atmosphäre stark ab, und seitdem verringert sich die dadurch bedingte Radioaktivität auch in Europa kontinuierlich.
Weitere große Quellen sind die Fabriken zur Herstellung und

„Wiederaufarbeitung" der Brennstäbe. Dabei handelt es sich meist um Anlagen, in denen Uran-235 soweit angereichert wird, daß es als Kernsprengstoff dienen kann, bzw. in denen das im Reaktor nach längerem Betrieb erzeugte Plutonium vom Uran getrennt wird, um anschließend für den Einbau in Kernwaffen zur Verfügung zu stehen.

In Großbritannien liegt eine solche Fabrik an der Westküste Englands, in Sellafield (früher Windscale), am nördlichsten Teil der Irischen See. Nach einem Unfall zog von hier aus im Jahre 1957 eine radioaktive Wolke über England und Europa. Noch in den 70er Jahren wurden hier Plutonium und Americium mit einer Gesamtaktivität von etwa 5 kCi (= 185 000 TBq) in das Meer geleitet. Die ursprüngliche Hoffnung, daß die gesamte Radioaktivität auf nimmer Wiedersehen im Meer verschwindet, erfüllte sich nicht. Ein Teil der Radioaktivität ist an Sand- und Tonteilchen gebunden und befindet sich im Meeressediment. Erhebliche Mengen nahmen Wasserpflanzen auf, die wiederum Fischen und anderen Meerestieren als Nahrung dienten. Dadurch kam es zur Anreicherung von Cäsium-Radioaktivität im Fischfleisch (vgl. hierzu auch die Verhältnisse im Kühlteich des Kraftwerks Tschernobyl, Abschn. 8.1). Zum Teil wurden die Algen auch einfach an den Strand gespült. Die angetriebene Radioaktivität sammelte sich im Schlick der Salzmarschgelände. Wenn das Ufer trocken ist, wird sie vom Westwind kilometerweit ins Land getrieben. Und auf den radioaktiven Wiesen grasen Schafe. Sogar im Hausstaub finden sich in dieser Region radioaktive Isotope: Plutonium, Americium, Cäsium und Ruthenium.

Ein Teil der Radioaktivität, die in die Irische See abgeleitet wird, fließt nach Norden in den Atlantischen Ozean und von dort weiter mit dem Golfstrom in Richtung norwegische Küste. Wiederum ein Teil davon gelangt an der schottischen Küste entlang südwärts in die Nordsee. Dorhin kommen vom Kanal her auch die Abwässer der französischen Wiederaufarbeitungsanlage in La Hague an der Kanalküste.

Die daraus und aus den früheren Kernwaffenversuchen resultierende Radioaktivität in den deutschen und norwegischen Küstengewässern ist allerding so niedrig gewesen, daß der Radioaktivitätsanstieg durch das *Fallout* von Tschernobyl im Küsten- und Oberflächenbereich deutlich meßbar war. Auch nach der Verteilung der Radioaktivität im Meer konnte die Spur des Cäsiums von Tschernobyl noch eine Weile weiter verfolgt werden, da in ihm ein höherer Anteil Cäsium-134 vorhanden war als in jenem radioaktiven Cäsium, das sich schon vorher im Wasser befand. Insgesamt ist jedoch beispielsweise in der Deutschen Bucht - einschließlich der in den letzten Jahrzehnten entstandenen Sedimente - die Cäsium-Radioaktivität aus Kernwaffenversuchen wesentlich größer als die aus der Katastrophe von Tschernobyl resultierende /BAU 91/. Es ergeben sich etwa folgende Cs-137-Radioaktivitäten: durch Kernwaffen-Fallout 550 PBq, aus der WAA Sellafield 41 PBq, aus La Hague 1 PBq, durch Tschernobyl 38 PBq.

Ähnlich, was das Verhältnis der Cs-137-Radioaktivität aus dem Atombomben-Fallout zu der aus dem Tschernobyl-Fallout betrifft, ist die Lage in Westeuropa auch auf dem Lande (Felder, Wiesen, Binnenseen, Flüsse), wobei jedoch durchaus an einzelnen Stellen die Tschernobyl-Radioaktivität noch etwas höher sein kann, weil auf dem Lande ein schneller Ausgleich wie im Meer nicht möglich ist. Zumeist wird Cäsium-137 im Boden so fest gebunden, daß es nicht mehr pflanzenverfügbar ist. In Wäldern und moorigen Wiesen bleibt es jedoch viele Jahre in der oberflächennahen Humusschicht und wird auch noch über längere Zeit in hoher Konzentration von den Waldpflanzen und den Pilzen aufgenommen (Abschn. 8.3).

Nach der Katastrophe im Kernkraftwerk am Pripjat wechselte während der Zeit, als der Reaktor noch brannte, der Wind ziemlich stark seine Richtung, wobei zum Teil Windgeschwindigkeit und -richtung in verschiedenen Höhen auch deutlich unterschiedlich waren. Vermutlich entwich ein Großteil der insgesamt ausgestoßenen Radioaktivität bereits am ersten Tag. Durch die Explosion am Sonnabend früh um halb zwei wurde eine radioaktive Säule von etwa 1000 m Höhe erzeugt. Die schwereren Teile aus dem Reaktorkern (Graphitziegel, Brennstoffstabbündel, Rohre, Metallgitter u.a.) prasselten auf das Reaktorgebäude und die umliegenden Dächer sowie Straßen nieder. Die radioaktiven Gase und der Schwebstaub, der in großer Menge hochradioaktive kleine Partikel mit einer Größe von einem Zehntel bis zu einigen hundert Mikrometern („heiße Teilchen") enthielt, wurden in wenigen Tagen über Pripjat in der Ukraine, Gomel und Minsk in Weißrußland, Kaliningrad in der Russischen Föderation über die Ostsee hinweg bis nach Mittelschweden (Stockholm) und Mittelnorwegen getragen. Auch

Südwestrußland, Nordostpolen, Litauen, Lettland und Finnland wurden getroffen. In Schweden und Finnland registrierte man am Sonntag die stark ansteigenden Radioaktivitätswerte zuerst und löste weltweiten Alarm aus. Von dieser ersten Welle bekamen auch Norddeutschland (Schleswig-Holstein, Mecklenburg und das nördliche Niedersachsen) etwas ab. Inzwischen war aber die zweite Welle vom Reaktor nach Westen, über die Ukraine, das Moldaugebiet, Rumänien, die Tschechoslowakei und Österreich, gezogen und erreichte auch Süddeutschland, die Schweiz und Frankreich. Danach verteilte sich die Radioaktivität innerhalb von etwa zwei Wochen über die gesamte nördliche Halbkugel und wenig später auch über die Südhälfte der Erdatmosphäre. Innerhalb weniger Wochen verringerte sich durch Abklingen und Verdünnung die Radioaktivität in der Luft jedoch so stark, daß sie kaum noch feststellbar war, und nur durch starke Regenfälle („*Waschouts*") konnte noch merkliche Aktivität auf der Erde abgelagert werden. Die Zusammensetzung der radioaktiven Isotope, die in Deutschland eintrafen, kann der Tabelle 6.4 entnommen werden.

In der Tabelle 5.1 sind mittlere Werte der Gesamtablagerung (*Kontamination*) von Cäsium (Spalte 2) und Jod-131 (Spalte 3) in $kBq/m^2$ für einige Länder angegeben. In der 3. und 4. Spalte ist das jeweilige Verhältnis von maximaler zu mittlerer *Kontamination* aufgelistet.
Wenn man die osteuropäischen Länder berücksichtigt, wo die Werte - besonders in Polen und Rumänien, Bulgarien und Jugoslawien - höher lagen als in Westeuropa, so ist ganz grob eine abnehmende Kontamination mit zunehmender Entfernung feststellbar.

In Japan sind die gemessenen Werte relativ niedrig. In Island und den USA sind sie noch wesentlich geringer, und in Australien konnten keine radioaktiven Niederschläge aus Tschernobyl festgestellt werden.
In Schweden und einigen anderen westeuropäischen Ländern, darunter auch in der Bundesrepublik Deutschland, ist die maximale Deposition an einigen Stellen um etwa den Faktor 10 oder mehr größer als im Durchschnitt (vgl. Tab. 5.1). Dabei handelt es sich in der Regel um Gegenden, in denen es während des Durchzugs radioaktiver Wolken geregnet hat. In Deutschland liegt ein solches Gebiet in Oberbayern, über das es ausführliche Studien gibt, die auch publiziert worden sind /HAR 94/ (siehe auch Abschn. 8.1).

Tabelle 5.1 Kontamination mit radioaktivem Cäsium und Jod-131 nach der Reaktorkatastrophe in Tschernobyl in kBq/m²

| Land | Entfernung von Tschern. | mittlere Ablag. Gesamt-Cs | Jod-131 | max./mittl. Ablag. Gesamt-Cs | Jod-131 |
|---|---|---|---|---|---|
| Österreich | 1000-1500 | 23 | 120 | 2,6 | 5,8 |
| Norwegen | 1500-2500 | 11 | 77 | 9 | - |
| Finnland | 1000-2000 | 9 | 51 | 3,3 | 3,7 |
| Schweden | 1000-2000 | 8,2 | 41 | 23 | 22 |
| Schweiz | 1500-2000 | 8 | 37 | 5,1 | 4,9 |
| Italien | 1500-2500 | 6,5 | 32 | 15 | 16 |
| BRD | 1000-1500 | 6 | 16 | 11 | 10 |
| Griechenl. | 1000-2000 | 5,3 | 23 | 5,3 | 2,6 |
| Irland | 1500-3000 | 5 | 7 | 4,4 | 2,3 |
| Luxemburg | 1500 | 4 | 19 | 1,8 | 2,1 |
| Niederl. | 1500-2000 | 2,7 | 21 | 3,3 | 1,2 |
| Frankreich | 1500-2500 | 1,9 | 7 | 4 | - |
| Dänemark | 1000-1500 | 1,7 | 1,7 | 2,7 | 2,5 |
| England | 2000-2500 | 1,4 | 4 | 14 | 8 |
| Belgien | 2000 | 1,3 | 3,9 | 2,3 | 2,6 |
| Japan | 9000 | 0,13 | 1,2 | 3,2 | 3,2 |
| Türkei | 1000-2000 | 0,08 | 0,88 | 11 | 9,1 |
| Spanien | 2500-3500 | 0,004 | 0,010 | 10 | 9 |
| Portugal | 3000-3500 | 0,003 | 0,005 | 4 | 2,6 |

Die insgesamt abgelagerte Radioaktivität (in TBq) ist in den folgenden Ländern besonders groß: Polen 9200, Rumänien 6700, Jugoslawien 6100, Schweden 3400, Bulgarien 2700 und Finnland 1900 /ISR 91/. Die Nachfolgestaaten der Sowjetunion sind dabei nicht berücksichtigt, da sich die Angaben auf das Jahr 1986 beziehen.

# 6 Die Strahlenbelastung des Menschen

## 6.1 Die Strahlenbelastung durch die Umwelt

*Dosimetrie*

Das quantitative Maß für die auf den Menschen oder andere Lebewesen einwirkende Strahlung ist nicht etwa, wie man vielleicht vermuten könnte, die auf den Körper auftreffende Strahlungsmenge. Ein Großteil dieser Strahlung geht vielmehr durch den Menschen hindurch. Es gibt Strahlenarten, die den Menschen unverändert durchdringen, die sogar fast ungehindert durch die ganze Erde hindurchgehen (Neutrinostrahlung). Diese führen in biologischen Objekten zu keinen Effekten. Nur der Teil der Kernstrahlungsenergie, der im Körper verbleibt, der absorbiert wird (die *Energiedosis;* s. Abschn. 1.1), kann Wirkungen hervorrufen.

Schon vor längerer Zeit hat sich herausgestellt, daß verschiedene Arten der Kernstrahlungen bei gleicher absorbierter (Energie- oder Ionen-) Dosis unterschiedlich stark auf biologische Objekte, und somit auch auf den Menschen, wirken. Um dies zu berücksichtigen, wurde der RBW-Faktor (*relative biologische Wirksamkeit*) eingeführt. Dieser Faktor ist zwar in der Regel für verschiedene biologische Effekte verschieden, es lassen sich aber doch orientierende Werte für die einzelnen Kernstrahlungsarten angeben (Tab. 6.1).

Tabelle 6.1 RBW-Faktoren für verschiedene Strahlenqualitäten

| Strahlenart | RBW-Faktor |
| --- | --- |
| Röntgen- und Gammastrahlung, Elektronen und Positronen | 1 |
| langsame Neutronen | 3 |
| Neutronen, 100 keV | 8 |
| Neutronen, 1 MeV | 10,5 |
| Neutronen, 10 MeV | 6,5 |
| Alpha-Strahlung aus Kernzerfall | 20 |

Bei der Alpha-Strahlung wird die Strahlungsenergie auf einer sehr kurzen Strecke an das menschliche Gewebe übertragen. Die Energie wird daher in hoher räumlicher Konzentration frei, und die biologische Wirkung ist entsprechend stärker. Die pro Längeneinheit übertragene Energie (*linear energy transfer - LET*) läßt sich für jede Strahlenart und Strahlenenergie verhältnismäßig leicht aus Anfangsenergie und Reichweite berechnen. Beide können experimentell bestimmt werden. Daraus wiederum läßt sich ein Qualitätsfaktor ermitteln, der anzeigt, um welchen Faktor diese Strahlenqualität biologisch wirksamer ist als die gleiche Energiedosis *Röntgen-*, *Beta-* oder *Gammastrahlung*.

---

*Energiedosis*, gemessen in *Gray* (1 Gy = J/kg), multipliziert mit dem *RBW-Faktor* für die betreffende Strahlung, gibt die für den biologischen Effekt entscheidende Größe: die *Äquivalentdosis*, gemessen in Sievert (Sv). Für *Alpha-Strahlen* gilt also beispielsweise: *Energiedosis* (gemessen in Gy) mal 20 *(RBW-Faktor) = Äquivalentdosis* (gemessen in Sv).

---

Die im menschlichen Körper absorbierte Strahlungsenergie wird oft in „äußere" und „innere" Strahlenbelastung (*Strahlenexposition*) unterteilt, je nachdem ob die Strahlenquellen außerhalb oder innerhalb des Menschen lokalisiert sind.

*Mittlere Strahlenexposition der Bevölkerung*

Sowohl bei der äußeren als auch bei der inneren Strahlenexposition unterscheidet man zwischen der natürlichen und der zivilisatorisch bedingten Strahlenbelastung. Eine gewisse Radioaktivität ist in der Umwelt und auch im menschlichen Körper stets vorhanden; dies war sogar schon in der vorindustriellen Zeit so gewesen (*natürliche Radioaktivität*). Sie bedingt die natürliche Strahlenbelastung (*innere* und *äußere natürliche Strahlenexposition*). Hinzu kommen heute die Auswirkungen der Kernwaffenversuche und der gesamten Kerntechnik, einschließlich der Gewinnung und Bearbeitung radioaktiven Materials jeglicher Art. Auch der Umgang damit, insbesondere bei vielfältigen medizinischen Untersuchungen, erhöht die Belastung; ebenso die anderweitig (durch Hochspannung) erzeugte ionisierende Strahlung, z.B. harte und weiche Röntgenstrahlung, die in Röntgengeräten bzw. in Fernseh- oder Computerbildschirmröhren entsteht (*zivilisatorisch be-*

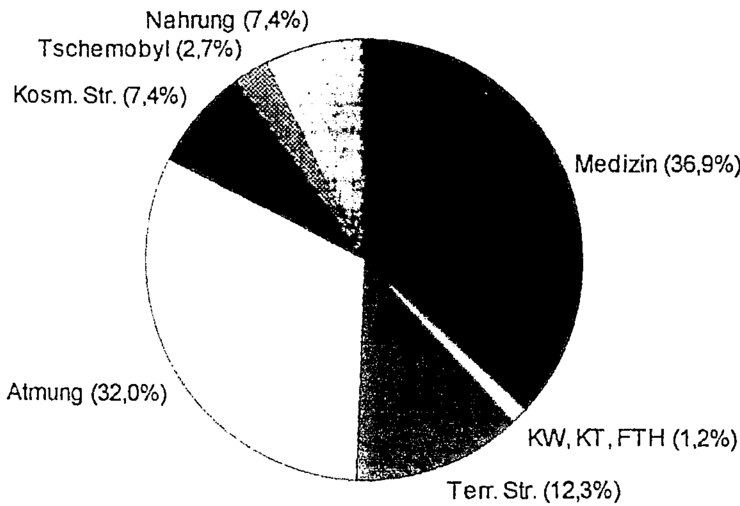


Fig. 6.1 Die Anteile an der mittleren effektiven Dosis der Bevölkerung der BRD im Jahre 1986: Kosm. Str. - kosmische Strahlung, Terr. Str. - terrestrische Strahlung, KW, KT, FTH - Kernwaffen, Kerntechnik, Forschung, Technik, Haushalt

*dingte innere* und *äußere Strahlenexposition*). In Fig. 6.1 sind in einem Kreisdiagramm die für die Bevölkerung der Bundesrepublik Deutschland für das Jahr 1986 ermittelten prozentualen Anteile der durchschnittlichen Gesamtstrahlenbelastung dargestellt. Die durchschnittliche jährliche Strahlenexposition beträgt etwa 4 mSv. Für 1986 wurden ihre einzelnen Anteile in einer Studie /BMU 86/ des Bundesministerium für Umwelt, Naturschutz und Reaktorsicherheit bestimmt. Dies war das Jahr, in dem sich die Reaktorkatastrophe von Tschernobyl am stärksten auswirkte. Für Deutschland wurde ihr Anteil auf 2,7 % an der Strahlenbelastung geschätzt (Fig. 6.1). In den folgenden Jahren sank dieser Wert sehr schnell ab.

Den Hauptanteil an der Gesamtstrahlenbelastung des menschlichen Körpers (mehr als ein Drittel) hat die Medizin, hauptsächlich die Anwendung der Röntgentechnik und zum kleineren Teil Diagnose sowie Therapie mit radioaktiven Isotopen.

Die von der Erde ausgehende und die aus dem Weltraum kommende

Strahlung machen zusammen mit den über die Nahrung aufgenommenen natürlichen radioaktiven Isotopen etwa 27 % der Strahlenbelastung
aus. Der Rest von ungefähr 1,2 % kommt vor allem durch Kernwaffen,
Kernkraftwerke, Leuchtfarben, Fernseh- und Computerbildschirme,
Isotopen- und Röntgenstrahlenanwendungen in der Industrie zustande.
Die zivilisatorisch bedingte Strahlenexposition entsteht also durch die
medizinische Strahlenanwendung (zu mehr als 95%), durch die Technik (einschließlich Kernkraftwerke und Kernwaffen) und den Haushalt
(zusammen weniger als 5%) /BMU 86/.
Wenn die durchschnittliche Belastung durch Röntgenstrahlung in
Deutschland jährlich etwa 1 bis 1,5 mS beträgt, bedeutet das nicht, daß
jeder Bürger in jedem Jahr diese Dosis aufnimmt. Es kann durchaus so
sein, daß drei von zehn Bürgern eine etwa dreimal höhere Dosis
erhalten und die anderen sieben fast keine. Das Rechnen mit durchschnittlichen Bevölkerungsdosen hat sich vor etwa 70 Jahren einge-
bürgert, als man glaubte, daß bei kleinen Dosen, bei denen keine
unmittelbaren (akuten) Strahlenschäden beobachtet werden, nur die
genetischen Schäden von Bedeutung sind, und es bei diesen unwichtig
sei, wie sie auf einzelne Personen verteilt sind. Dabei wird
vorausgesetzt, daß die Dosis-Effekt-Beziehung linear ist und kein
Schwellenwert für die Schadensauslösung existiert.

*Radon*

Fast ein Drittel der Strahlenbelastung der Bevölkerung ist durch das
radioaktive Edelgas Radon bedingt, das überall aus der Erde dringt
(Fig. 6.2), allerdings in ganz unterschiedlicher Stärke, und mit der Luft
eingeatmet wird. Speziell am Radon wird deutlich, daß die Grenzen
zwischen natürlicher und zivilisatorisch bedingter Strahlenbelastung
fließend sind, ist doch die Radonkonzentration in geschlossenen
Räumen in der Regel deutlich größer als im Freien. In einstöckigen
Häusern ist ihr Wert höher als in mehrstöckigen, und in Holzhäusern ist
mehr Radon vorhanden als in solchen aus Beton, wobei auch die
Radioaktivität im Baumaterial eine Rolle spielen kann. Von besonderer
Bedeutung ist, ob im Haus Gas aus der Erde in die Wohnräume
diffundiert. Da Radon im menschlichen Körper praktisch nur in die
Lunge kommt, wird nur diese durch das radioaktive Edelgas und seine
Folgeprodukte geschädigt.

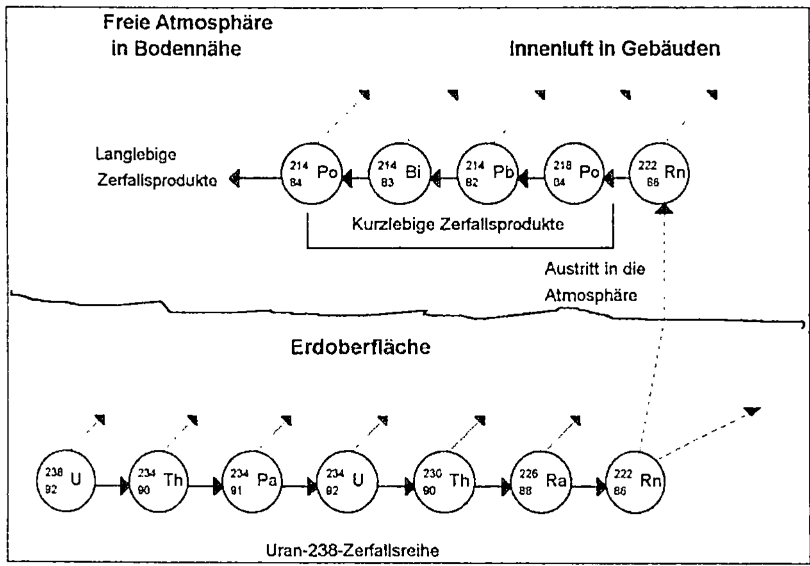


Fig. 6.2 Schema zur Entstehung des radioaktiven Edelgases Radon, das aus Radium unterirdisch gebildet wird, nach oben diffundiert und dort besonders in geschlossenen Räumen auftritt

In Deutschland beträgt die Radonkonzentration in der bodennahen Atmosphäre im Freien 10 bis 20 Bq/m³, in Gebäuden im Mittel 50 Bq/m³ /BS2 96/. Bei Radonkonzentrationen zwischen 250 und 1000 Bq/m³ wird empfohlen, sie durch einfache Maßnahmen zu reduzieren. Ist die Konzentrationen noch höher, werden in einem angemessenen Zeitraum Sanierungsmaßnahmen empfohlen /BS3 96/. Während die mittlere *Äquivalentdosis* pro Jahr durch Radon in Deutschland etwa 1,4 mSv beträgt /BS1 96/, kann sie für Menschen, die sich überwiegend in Häusern mit hoher Radonkonzentration aufhalten, den zehnfachen Wert oder sogar mehr erreichen. Die durch Radon bedingte Dosis ist dann mindestens 100 mal größer als die durch die Tschernobylkatastrophe im Jahre 1986 in Deutschland beobachtete Strahlenexposition.

Für Bad Gastein wird beispielsweise für die Ortsmitte die jährliche *Äquivalentdosis* für die Lunge mit 20 bis 80 mSv angegeben. Für das Personal der Badebetriebe ist sie noch wesentlich höher /POH 82/.

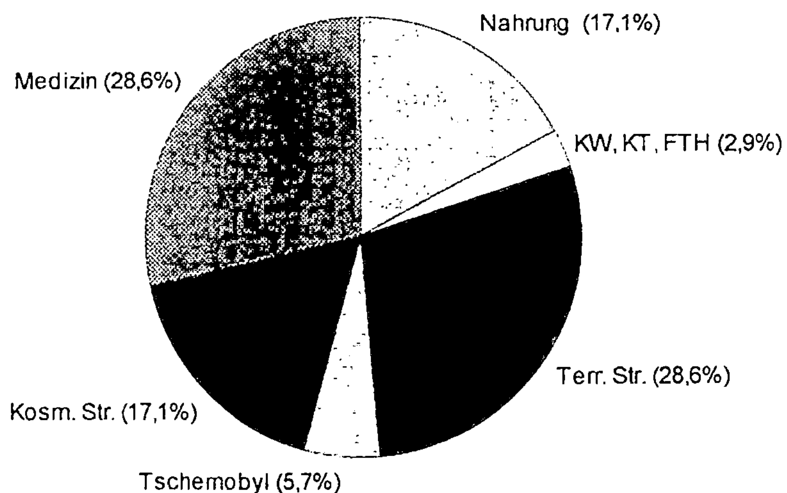


Fig. 6.3 Die durchschnittliche Strahlenbelastung der Keimdrüsen der Bevölkerung in der Bundesrepublik Deutschland im Jahre 1986. Abkürzungen wie in Fig. 6.1

*Strahlenexposition der Gonaden*

In Fig. 6.3 ist die Strahlenexposition der Keimdrüsen (*Gonaden*) der Bevölkerung der BRD im Jahre 1986 /BMU 86/ dargestellt. Mit etwa 1,8 mSv ist die „*genetisch signifikante Dosis*" nur knapp halb so groß wie die mittlere effektive Körperdosis. Daß die Exposition der Keimdrüsen deutlich niedriger ist als die Ganzkörperexposition, hat zwei Ursachen: erstens wirkt dort kein Radon, zweitens werden sie bei Röntgenuntersuchungen infolge von Strahlenschutzmaßnahmen wenig belastet.

*Zusatzbelastung durch die Reaktorkatastrophe*

In der ehemaligen UdSSR wurde die durchschnittliche jährliche Ganz-körper-Strahlenbelastung für die Bevölkerung (Tab.6.2) als etwa gleich der in Deutschland und in der Schweiz eingeschätzt /BUR 87/. Auch dort ist die Strahlenexposition durch Radon unterschiedlich und gerade in den Gebieten, die durch die Tschernobylkatastrophe belastet sind, besonders hoch /KAR 94/. In der Tabelle 6.2 ist in der vorletzten Zeile für die UdSSR vermutlich die Zusatzbelastung durch Tschernobyl bereits enthalten.

Tabelle 6.2 mittlere jährliche Strahlenexposition (SE) in Deutschland, der Schweiz und der UdSSR (Angaben für 1986, in mSv/a)

| | Deutschland | Schweiz | UdSSR |
|---|---|---|---|
| innere nat. SE | 0,3 | 0,3 | 0,37 |
| terrestr. SE | 0,5 | 0,65 | 0,37 |
| kosm. SE | 0,3 | 0,32 | 0,3 |
| SE durch Radon | 1,3 | 1,7 | 1,5 |
| medizin. SE | 1,5 | 1 | 1,07 |
| sonst.zivilis. SE | 0,05 | 0,07 | 1,58 |
| Tschernobyl-SE | 0,11 | 0,15 | ? |
| Summe | 4,05 | 4,12 | 4,79 |

Die beiden radioaktiven Zonen nördlich und nordöstlich von Tschernobyl (Fig. 5.1) sind vermutlich durch Niederschläge aus der radioaktiven Wolke entstanden, die unmittelbar nach der Explosion des Reaktors zuerst nach Westen, dann nach Nordwesten und Nordosten zog. Im allgemeinen nimmt die niedergegangene Radioaktivität mit der Entfernung vom havarierten Reaktor stark (quadratisch) ab. In Gebieten, in denen es während des Durchzugs der radioaktiven Wolken (stark) geregnet hat, war jedoch die niedergegangene Radioaktivität um das Zehn- bis Hundertfache größer, als sie es bei trockenem Wetter gewesen wäre /ISR 91/.
Gerüchte, daß der Regen im Gebiet Gomel in Weißrußland oder im Brjansker Gebiet in Rußland künstlich erzeugt worden sei, damit nicht zuviel Radioaktivität nach Moskau kommt, wurden von offizieller Seite stets dementiert /ISR 91/.

Für die Russische Föderation wird für stark kontaminierte Gebiete die zusätzliche Strahlenbelastung durch die Tschernobylkatastrophe in Tabelle 6.3 angegeben /ANI 93/. Aus dieser Tabelle kann man ersehen, daß die zusätzliche mittlere Äquivalentdosis für das Jahr 1986 in den am stärksten belasteten Gebieten Rußlands etwa 400 mal höher ist als im Durchschnitt der Bundesrepublik Deutschland (0,11 mSv). Einer schnellen Abnahme der Expositionsdosis in den ersten Jahren nach der Katastrophe folgte in den stark belasteten Gebieten Rußlands eine wesentlich langsamere in den Folgejahren.

Tabelle 6.3 Mittlere Äquivalentdosen für die Einwohner stark kontaminierter Gebiete in Rußland (in mSv)

| Kontamin. | 86 | 87 | 88 | 89 | 91 | 92 | 93 | Fläche(km$^2$) |
|---|---|---|---|---|---|---|---|---|
| >1480 | 40 | 22 | 17 | 11 | 8,2 | 6,3 | 5,5 | 310 |
| 555-1480 | 20 | 11 | 8,3 | 6,3 | 3,4 | 2 | 1,8 | 2130 |
| 175-555 | | | | 2 | 1,4 | 1,1 | 0,9 | 5450 |
| 37-185 | | | | | | | | 48100 |

Kontamination in kBq/m$^2$

In den beiden Gebieten um das KKW und nordwestlich davon ist die Radioaktivität überwiegend durch niederfallende feine und feinste Staubpartikel entstanden (radioaktiver Fallout). Dementsprechend sind in der Nahzone um den Reaktor auch andere radioaktive Isotope für die Belastung von Bedeutung, als in den fernerliegenden Bereichen.
In dem Gebiet bis 40 km um den Reaktor hatten die radioaktiven Isotope unmittelbar nach der Katastrophe nach /ISR 91/ die folgende Zusammensetzung (in Klammern die jeweilige Gesamtaktivität in PBq): Tellur-132 (92,5), Zirkonium-95 (66,6), Cer-141 (62,9), Ruthen-103 (55,5), Jod-131 (48,1), Barium-140 (33,7), Yttrium-91 (23,7), Strontium-89 (22,9), Ruthen-106 (21,1), Cäsium-134 (4,8), Cäsium-137 (10,4) und Strontium-90 (3,1).

In Reaktornähe ist ein wesentlicher Teil der Radioaktivität in Form von Schwerstmetallen aus dem Kernbrennstoff (Uran und Plutonium) niedergegangen. In etwas größerer Entfernung besteht die Belastung heute zu etwa 50% aus den beiden Cäsium-Isotopen 137 und 134. Daneben ist Strontium-90 für ein gutes Viertel der Radioaktivität verantwortlich und Plutonium für den Hauptteil des Restes.

Die durch Plutonium (die radioaktiven Isotope Plutonium-238, 239, 240 und 241) bedingte Radioaktivität nimmt wegen der hohen Lebensdauer der meisten Isotope dieses Elements praktisch nur durch deren Abtransport aus den obersten Bodenschichten ab. Eine Ausnahme bildet dabei Plutonium-241 mit einer Lebensdauer von 14,5 Jahren, das vergleichsweise schnell zerfällt. Als Folgeprodukt entsteht aber wieder ein radioaktives Isotop, nämlich Americium-241, das noch gefährlicher ist und eine Halbwertszeit von 433 Jahren hat. Daraus folgt, daß sich zwar innerhalb weniger Jahrzehnte der größte Teil dieses Plutoniumisotops in Americium umwandeln wird, die Radioaktivität damit aber wenig abnimmt, ja die Gefahr für den Menschen sich sogar vergrößert, weil das Americium in stärkerem Maße schädlich (*radiotoxisch*) ist.

In der näheren Umgebung des Reaktors nimmt das Verhältnis der Strontium-90- zur Cäsium-137-Konzentration mit der Entfernung ab (s. Radioaktivität in den Flüssen um Tschernobyl, Abschn. 8.1). Das hat seine Ursache darin, daß das Strontium schwerer flüchtig ist, somit ein größerer Teil des Cäsiums während der Katastrophe verdampfte und deshalb über größere Strecken transportiert wurde. In den weiter vom Reaktor entfernt liegenden Gebieten wird die Radioaktivität überwiegend durch Cäsium und Strontium hervorgerufen.

Zunächst hat der Anteil des Cäsium-134 am gesamten radioaktiven Cäsium, der unmittelbar nach der Katastrophe fast 50% betrug, aufgrund der kürzeren Halbwertszeit von gut 2 Jahren gegenüber Cäsium-137 stark abgenommen (auf etwa 5%). Nunmehr wird die Abnahme der Radioaktivität des Cäsiums durch die Halbwertszeit des Cäsium-137 von etwa 30 Jahren bestimmt. Das bedeutet, daß durch den radioaktiven Zerfall in hundert Jahren etwa eine Abnahme der Radioaktivität auf 10% erfolgt. Eine weitere Verringerung ist durch Abtransport des Cs-137 und des Sr-90 möglich, u.a. durch Auswaschung mit dem Niederschlagswasser, Verwehung durch Wind bzw. mit dem Staub der Landstraße.

Die Zusammensetzung der radioaktiven Isotope in großer Entfernung von dem Ort der Katastrophe gibt Tab. 6.4 wieder. Hier kann man sehen, wie stark die Bodenkontamination durch den Regen zugenommen hat und in welchem Maße die Radioaktivität innerhalb von drei Monaten wieder abgefallen ist. In den ersten Tagen und Wochen nahm die Radioaktivität schnell ab, weil die kurzlebigen Isotope zerfielen. Danach wurde der Abfall immer langsamer.

Von der Abteilung des Petersburger Instituts für Strahlenhygiene, die mitten in dem am stärksten belasteten Gebiet in der russischen Stadt Novosybkov arbeitet, wird unter Berücksichtigung weiträumiger Mes-

sungen eine jährliche Abnahme der Radioaktivität der Umwelt um 20%
angenommen /BAL 93/. Leider ist aber anstelle eines Abfließens der
Radioaktivität durchaus auch eine Zunahme denkbar (was an einem
Orte abfließt, muß ja einer anderen Stelle zufließen bzw. vom Winde
zugeweht werden).

Tabelle  6.4     Bodenkontamination  (kBq/m$^2$)  im  Jahre  1986  in
                Neuherberg bei München /WIN 86/

| Messung am: | 30.04. vor Regen | 01.05. nach Regen | 01.06. | 07.08. |
|---|---|---|---|---|
| **Nuklid** | | | | |
| Zr-95 | - | - | 0,3 | 0,13 |
| Nb-95 | - | 0,62 | 0,58 | 0,31 |
| Mo-99 | - | 7,3 | - | - |
| Tc-99m | 0,3 | 6,6 | - | - |
| Ru-103 | 0,75 | 18 | 11 | 3,5 |
| Ru-106 | - | 4,2 | 4,2 | 3,8 |
| Ag-110 | - | - | 0,24 | - |
| Sb-125 | - | - | 0,4 | 0,44 |
| Sb-127 | - | 1,5 | - | - |
| Te-129m | - | 18 | 12 | - |
| Te-129 | - | 12 | 7,8 | 0,73 |
| I-131 | 40 | 68 | 5 | - |
| Te-132 | 3,5 | 100 | 0,1 | - |
| I-132 | 4,5 | 110 | 0,1 | - |
| I-133 | - | 1,7 | - | - |
| Cs-134 | 0,33 | 9,4 | 8,9 | 8,8 |
| Cs-136 | - | 3,3 | 0,6 | - |
| Cs-137 | 0,66 | 18 | 16 | 17 |
| Ba-140 | 0,4 | 11 | 1,7 | - |
| La-140 | 0,31 | 8,8 | 2,2 | - |
| Ce-141 | - | 0,35 | - | - |
| Ce-144 | - | - | 0,46 | - |
| **Summe** | **~15** | **~400** | **~70** | **~40** |

In vielen Fällen wird in der Tat - vor allem in größeren bewohnten
Orten - nicht etwa die vermutete Abnahme gemessen, sondern man
stellt im Gegenteil eine Zunahme der Umweltradioaktivität fest. Dafür
gibt es im wesentlichen folgende Erklärungen:
Der Eintrag aus höher belasteten Gebieten kann, besonders bei starkem
Gefälle der Radioaktivität, größer als der Austrag sein. Man stelle sich

etwa einen steilen Sandhaufen vor, der mit der Zeit auseinanderfließt. Die Spitze wird zwar abgetragen, aber im mittleren und im unteren Bereich nimmt die Sandhöhe zu.

In bewohnten Orten, besonders in großen Städten, wurden aufwendige *Deaktivierungsarbeiten* durchgeführt, die vom Abwaschen der Häuserdächer und -fassaden bis zum Auftragen eines neuen Straßenbelages gingen. Diese Maßnahmen, wenn sie erfolgreich waren, haben dazu geführt, daß dort ein Gebiet niedrigerer Radioaktivität in einer stärker belasteten Umwelt entstanden ist. Diese Lage ist vergleichbar mit einer Stelle im Meer, wo Wasser durch wegpumpen entfernt werden soll. Es erfolgt stets wieder ein Zufluß aus der Umgebung.

Daneben spielt die genaue Auswahl der Meßstellen eine Rolle, etwa ob mitten auf der Straße gemessen wird oder am Rande derselben, ob über dem Boden, unter Bäumen und Sträuchern oder auf Grasflächen. Auf asphaltierten oder betonierten Flächen wird die Strahlung immer geringer sein als in nicht versiegelten Bereichen. So ist vielleicht zu erklären, daß sich z.B. in der westrussischen Stadt Klinzy (etwa 80 000 Einwohner) der amtlich anerkannte Wert der Umweltradioaktivität von 1991/92 bis 1993/94 etwa verdoppelt hat, so daß die Einwohner dort nun in einer deutlich höher belasteten Zone leben.

## 6.2 Die innere Radioaktivität des Menschen

Neben der Umweltradioaktivität spielt für die gegenwärtige Strahlenbelastung auch die innere Radioaktivität der Menschen, die in den Zonen erhöhter Radioaktivität leben, eine wesentliche Rolle. In jedem Menschen ist eine *„natürliche"* *Radioaktivität* vorhanden, die sich aus den im Körper befindlichen radioaktiven Isotopen ergibt (Tab. 6.2). Als solche kommen vor allem Kalium-40, Kohlenstoff-14 und Tritium (Wasserstoff-3) in Frage. Darüber hinaus auch die schwersten Elemente und ihre Zerfallsprodukte, insbesondere in Gebieten, wo Kernbrennstoff abgebaut wird. Eines dieser Zerfallsprodukte ist das bereits genannte Edelgas Radon, das allmählich aus der Erde diffundiert, in hoher Konzentration an der Erdoberfläche auftritt und eingeatmet wird. Es ruft zusammen mit seinen Folgeprodukten eine innere Bestrahlung der Lunge hervor, verbleibt aber selbst nicht lange im Körper.

Orte mit besonders hoher Radonkonzentration sind seit vielen Jahrhunderten als Kurorte bekannt. Die dort auftretende erhöhte Radioaktivität wurde jedoch nur in den ersten Jahrzehnten unseres Jahrhunderts als Werbeargument benutzt.

Mineralwasserquellen enthalten speziell in diesen, aber auch in anderen Kurorten oft erhebliche Radioaktivität. Neben Spuren von Schwerstmetallen, insbesondere von Radium, tritt dann Radon in hoher Konzentration auf. So liefern die Thermalquellen in Bad Gastein täglich etwa 5 000 000 l Wasser mit einer mittleren Radioaktivität von etwa 1500 Bq/l. Diese Aktivität rührt fast ausschließlich vom Radon her. Im gesamten Ortsbereich, besonders aber in den Badekabinen der Kurhäuser, wird Radon freigesetzt. So gelangen im Zentrum von Bad Gastein jährlich etwa $2 \times 10^{12}$ Bq in die Luft. Die sich daraus ergebende Strahlenexposition wurde in Abschn. 6.1 erwähnt.

In Deutschland enthalten die Gewässer im Durchschnitt 3,5 mBq Radium-226 pro Liter. In Mineralwässern ist die Radiumkonzentration jedoch im Durchschnitt etwa 7,5 mal höher /BOS 91/. Es gelangen sogar Mineralwässer mit einer Ra-226-Aktivität bis zu 1 Bq/l zum Verkauf. Ein Jahreskonsum von nur 60 l radiumreicher Mineralwässer führt bereits zu einer Knochendosis von 3 mSv.

Im Uranbergbau tritt unter Tage eine erhebliche Strahlenbelastung der Lunge durch Radon auf. Trotz guter Lüftung werden Lungendosen bis 30 mSv/a erreicht.

*Radioaktiver Kohlenstoff*

Die Hauptradioaktivität des menschlichen Körpers wird unter normalen Umständen vom Kohlenstoff-14 gebildet. Sie ist so groß, daß anhand dieses Isotops noch nach mehr als 10000 Jahren das Alter jedweden abgestorbenen biologischen Materials festgestellt werden kann. Der Anteil des C-14 am Gesamtkohlenstoff ist etwa $10^{-12}$, das bedeutet aber, daß etwa $6 \times 10^{12}$ radioaktive Kohlenstoffatome in nur 12 g Kohlenstoff enthalten sind. In jedem Gramm Kohlenstoff in lebenden Geweben erfolgen pro Sekunde etwa 15 Zerfälle. Dies entspricht einer Radioaktivität von 15000 Bq/kg Kohlenstoff in Lebewesen. Nach 5000 Jahren ist immer noch weniger als die Hälfte der radioaktiven Atomkerne zerfallen. Insgesamt werden an einem lebenden menschlichen

Körper mit einem Szintillationszähler etwa 200 000 Zerfälle pro Minute gemessen, wobei aber ein großer Teil der Zerfälle außerhalb des Körpers nicht registriert werden kann, weil die Strahlung in unmittelbarer Nähe ihres Entstehungsortes absorbiert wird. Kohlenstoff-14 kann am besten nach Auflösung in einem Flüssigkeitsszintillator gemessen werden; das gleiche gilt für H-3. Wegen der geringen Quantenenergie beim radioaktiven Zerfall von C-14 und H-3 ergibt sich durch diese beiden Isotope nur eine Strahlenbelastung von 0,02 mSv/a im menschlichen Körper.

*Radioaktivität in Lebens- und Futtermitteln*

In den ersten Jahren nach der Tschernobylkatastrophe erfolgte die Lebensmittelversorgung in den stark belasteten Gebieten weitgehend mit nicht radioaktiven Lebensmitteln aus unverseuchten Landesteilen. Vor dem Verzehr von Produkten aus dem eigenen Gebiet (Obst, Gemüse, Eier, Milch und Milchprodukte, Fleisch, u.a.) und insbesondere von Waldfrüchten und Pilzen sowie Wildtieren und Fischen wurde die Bevölkerung gewarnt. Stark belastete Waldgebiete wurden abgesperrt und das Betreten und Sammeln von Kräutern, Früchten und Pilzen sowie die Heugewinnung verboten. Es gab auch erhebliche Einschränkungen für die Nutzung der Felder und Wiesen in den weniger stark belasteten Gebieten (s. Kapitel 8).

Inzwischen ist der Respekt vor Warnungen und Absperrungen weitgehend geschwunden. Die im Dorf erzeugte Milch, das im Garten angebaute Gemüse, im Wald gesammelte Pilze, in den Seen und Flüssen geangelte Fische werden von den Einwohnern verbraucht oder in die umliegenden größeren Orte verkauft. In der Ukraine wird die zu erwartende innere Strahlenbelastung aus der Radioaktivität in den „Leitlebensmitteln" Kartoffeln und Milch berechnet /DOS 93/. An vielen Orten, so z.B. in der ukrainischen Stadt Owrutsch mit ca. 20 000 Einwohnern, westlich des Katastrophengebietes nahe der weißrussischen Grenze gelegen, ist die sich aus dem Verzehr kontaminierter Lebensmittel ergebende innere Strahlenbelastung in den letzten Jahren gestiegen, während nach den Messungen die Umweltradioaktivität konstant geblieben ist. Folglich hat sich die Gesamtstrahlenbelastung nicht verringert, sondern teilweise sogar erhöht.

Der Grund dafür liegt in der seit 1991/92 sprunghaft zunehmenden Nutzung von in der Region produzierten Futter- und Nahrungsmitteln. So wurden beispielsweise im Juli 1991 in Owrutsch für Milch 6 Bq/l gemessen, im Dezember aber schon ein Wert von durchschnittlich 160 Bq/l, was vermutlich hauptsächlich auf die Fütterung mit einheimischem Heu zurückzuführen ist.

Das Cäsium-137 aus der Milch wird im menschlichen oder tierischen Körper weit verteilt. Da es mit Kalium chemisch verwandt ist, lagert es sich besonders in die Muskeln (Fleisch) ein, aber auch in alle anderen Körperorgane (s. Abschn. 8.1, Radioaktivität in Fischen). Die ionisierende Strahlung, die beim radioaktiven Zerfall des Cäsium-137 ausgesandt wird, entsteht dann überall im Körper und muß nicht erst durch Kleidung und Haut eindringen, wie das für die Strahlung des im Boden befindlichen Cäsiums der Fall ist.

Es kann daher vermutet werden, daß die aus der inneren Radioaktivität des Menschen herrührende Strahlung gefährlicher ist als die äußere, die hauptsächlich vom Boden ausgeht. Das ist besonders bei dem radioaktiven Isotop des Strontiums, dem Strontium-90, von Bedeutung, dessen Beta-Strahlung im Gegensatz zur Gamma-Strahlung des Cäsiums eine deutlich geringere Reichweite hat, so daß sie z.B. gar nicht aus dem Boden durch die Luft und die Kleidung in den menschlichen Körper eindringen kann. Das Strontium ist deswegen im Boden oder in Lebensmitteln oder auch in Lebewesen schwer nachweisbar und trägt kaum zur Strahlenbelastung aus der Umwelt bei.

Wenn aber radioaktives Strontium mit der Nahrung in den menschlichen Körper aufgenommen wird, kann es wegen seiner chemischen Verwandtschaft mit dem Kalzium im Knochengewebe eingelagert werden. Dort kann kurzreichweitige ionisierende Strahlung z.B. auf das blutbildende Gewebe (Knochenmark) einwirken. Langfristig können dadurch schwerwiegende Erkrankungen ausgelöst werden.

# 7 Strahlenwirkungen auf den Menschen

## 7.1 Biologische Wirkungen ionisierender Strahlungen

*Dosis-Wirkungs-Beziehungen*

Die Wirkung der ionisierenden Strahlung kann in einfachen Fällen der Dosis proportional sein, d.h., wenn die Dosis verdoppelt oder allgemein um einen bestimmten Faktor erhöht wird, so verstärkt sich auch die Wirkung auf das Doppelte oder um denselben Faktor. Einfache Beispiele dafür sind alle Dosimeter.

Einige Meßprinzipien sind schon am Ende des Kapitels 1 erwähnt worden. Betrachten wir beispielsweise ein Thermolumineszenzdosimeter (TLD): Es enthält im Innern einen Speicherphosphor, das ist eine kristalline Substanz (z.B.Lithiumfluorid mit Magnesium und Titan als Dotierungsmaterial oder Kalziumfluorid mit Mangan), die sich bei Strahleneinwirkung so verändert, daß der spätere Meßwert proportional zur Strahlendosis ist. Die Veränderung wird im Material gespeichert und die gespeicherte Energie bei Erwärmung in Form von Licht ausgesandt (Thermolumineszenz). Derartige Dosimeter werden oft zur Personendosimetrie benutzt. Wenn die zu untersuchende Person das Dosimeter 3 Monate lang ununterbrochen trägt, kann aus der aufgenommenen Dosis geschlossen werden, wie stark der Mensch strahlenexponiert war. Zur Zeit werden in den durch die Tschernobylkatastrophe belasteten Gebieten derartige TL-Dosimeter vielfach verwendet.

Nach einem anderen Prinzip arbeitet das Filmdosimeter. Hier wird einfach die Schwärzung eines speziellen Films als Maß für die Strahlungsdosis benutzt. Durch verschiedene Metallplättchen, die von beiden Seiten vor den Film gelegt werden, können dabei gleichzeitig noch Strahlungsanteile von unterschiedlicher Durchdringungsfähigkeit (Härte) voneinander getrennt werden. Auch bei diesem Gerät läßt sich der kumulative Dosiswert nach einer längeren Tragezeit von mehreren Monaten bestimmen. Dazu wird der Film entwickelt und die Schwärzung gemessen.

Bei biologischen Objekten ist die Dosis-Wirkungs-Beziehung nicht so einfach wie bei den Dosimetern. Da das Leben auf der Erde schon immer unter der Einwirkung ionisierender Strahlungen steht, haben sich Mechanismen herausgebildet, um die durch Strahleneinwirkung entstehenden Schäden wieder zu reparieren.

Bei den biologischen Dosis-Wirkungs-Beziehungen können im Grenzfall zwei Extreme unterschieden werden. Einmal gibt es sogenannte *stochastische Strahlenschäden*. Die Vorstellung vom Wirkungsmechanismus ist dabei die folgende: Ein Strahlenquant geht durch das biologische Gewebe, und mit einer gewissen Wahrscheinlichkeit trifft es einen für die betrachtete Wirkung entscheidenden Ort und löst dort die Wirkung aus, die dann sehr viel später sichtbar werden kann (*Treffertheorie*). Typische Beispiele für diese Art von Schäden sind die Veränderungen der Erbsubstanz (*genetische Mutationen*) oder die Bildung von bösartigen Geschwülsten (*somatische Mutationen*). Dafür gibt es keinen Schwellenwert. Auch kleinste Strahlenmengen können eine Wirkung haben. Im statistischen Mittel ist der Effekt jedoch zur Dosis proportional.

Das andere Extrem ist der folgende Verlauf: kleine Dosen rufen keine Wirkung hervor. Erst oberhalb eines Schwellenwertes setzt zunächst bei einigen wenigen der bestrahlten Objekte der Effekt ein (z.B. Tod). Mit der Erhöhung der Strahlendosis steigt die Anzahl jener, welche diese Wirkung zeigen. Der Anstieg wird immer steiler, bis 50 % betroffen sind ($LD_{50}$). Danach flacht er wieder ab, und die Kurve verläuft horizontal, d.h., es erfolgt kein weiterer Anstieg. Der Sättigungswert ist erreicht. Bei allen Bestrahlten ist der Effekt eingetreten (z.B. der Tod). Dies bezeichnet man als *nichtstochastische Schäden*.

### Einflußfaktoren auf die Strahlenwirkung

Wenn wir etwa an die ultravioletten Sonnenstrahlen denken, dann fällt uns sofort ein, daß ein „Sonnenbrand" (*Erythem*) nur auftritt, wenn man sich nach großer Pause längere Zeit einer starken Sonnenbestrahlung aussetzt (hohe Strahlendosis bei hoher Dosisleistung). Wird dieselbe Strahlendosis in einer viel längeren Zeit aufgenommen, dann bekommen wir keinen Sonnenbrand (keinen Strahlenschaden), sondern sind sogar besser auf die nächste Strahleneinwirkung vorbereitet. Ein Teil dieser Anpassung besteht in der Bräune der Haut.

Dazu sei ein Beispiel aus der älteren Strahlenforschungsliteratur angeführt /HOL 33/: Bei welcher Dosis (Röntgenstrahlen) tritt die Bildung eines Erythems (Hautrötung) bzw. Epilation (Haarausfall) auf der menschlichen Hand auf (Tab. 7.1)?

Tabelle 7.1 Abhängigkeit der Dosis $D$ , bei der *Erythembildung* bzw. *Epilation* auf der menschlichen Hand eintritt, von der Dosisleistung $D_L$.

| $D_L$(Gy/min) | $t$(min) | $D_{Ery}$(Gy) | $D_s/D_x$ | $t$(min) | $D_{Epi}$(Gy) |
|---|---|---|---|---|---|
| 5 | 1 | 5 | 1 | 0,6 | 320 |
| 0,5 | 15,5 | 7,8 | 1,6 | 6,5 | 325 |
| 0,05 | 260 | 13 | 2,6 | 68 | 340 |
| 0,005 | 2250 | 22,5 | 4,5 | 960 | 480 |

$t$ ist dabei die jeweilige Bestrahlungszeit; Maßeinheiten nach heutigen Normen

Aus dieser Tabelle kann man ersehen, daß bei einer um den Faktor 1000 kleineren Dosisleistung als 5 Gy/min die Rötung der Haut erst bei einer um den Faktor 4,5 höheren Strahlendosis eintritt. Bei einer anderen Wirkung jedoch (Haarausfall), erhöht sich die erforderliche (wesentlich höhere) Dosis nur um den Faktor 1,5.

B. Rajewski gibt zusammenfassend in Form von Tabellen eine Vielzahl quantitativer Ergebnisse der Forschungen zur Strahlenwirkung auf höhere Tiere und Menschen an /RAJ 54/. Insgesamt sehen wir aus Tab. 7.1, daß außer der Strahlendosis eine Reihe weiterer Faktoren für die Strahlenwirkung verantwortlich ist. Wenn wir die Qualität der Strahlung bereits durch den RBW-Faktor berücksichtigen, der in Abschn. 6.1 erklärt wurde, und von der Äquivalentdosis ausgehen, gemessen in Sievert (Sv), sind dies u.a.:
- das Zeitregime, in dem die Äquivalentdosis appliziert wird,
- die räumliche Verteilung der aufgenommenen Äquivalentdosis,
- körpereigene Abwehrmechanismen, die hochreaktive und toxische Substanzen einfangen und unschädlich machen,
- Reparaturmechanismen für biologisch wichtige Moleküle,
- das Beseitigen von unbrauchbaren oder schädlichen Zellen in höheren Lebewesen (durch bestimmte Leukozyten).

Die ersten beiden (physikalischen) Faktoren haben ihre Bedeutung nur durch das Vorhandensein der drei anderen, der biologischen Faktoren. Es ist sogar denkbar, daß durch eine geringe Strahlendosis die biologischen Faktoren angeregt werden und dadurch anderen Belastungen

besser begegnet werden kann. Dem Mediziner ist die Tatsache
vertraut, daß Gifte in sehr starker Verdünnung (in kleiner Dosis)
Heilmittel sein können. Viele Untersuchungsbefunde und Erfahrungen
weisen darauf hin, daß dies auch bei den ionisierenden Strahlungen so
ist.

*Biopositive Strahleneffekte*

Ein Beispiel für die biopositive bzw. anregende Wirkung ionisierender
Strahlungen, das sowohl von Medizinern als auch in der breiten
Öffentlichkeit akzeptiert wird, sind nicht zu ausgiebige Sonnenbäder.
Allerdings warnen auch hier Mediziner. Selbst kleine Dosen des
ultravioletten Anteils der Sonnenstrahlen erhöhen das Hautkrebsrisiko.
Menschen mit Hautkrebs wird ohnehin empfohlen, ultraviolette
Strahlen überhaupt zu meiden. Jeder Mensch sollte Vorsicht walten
lassen und sich vor hohen Dosen dieser Strahlen schützen.

Die biologisch-medizinischen Wirkungen ionisierender Strahlen sind
vielfältig. Seit der Entdeckung dieser Strahlungen durch Röntgen in
Würzburg und Becquerel in Paris gegen Ende des vorigen Jahrhunderts
sind sie vielfach auch medizinisch angewendet worden. Ja, die ersten
Anwendungen erfolgten bereits weit vor ihrer Entdeckung. Neben
positiven Wirkungen auf alle schwer heilbaren Krankheiten und einer
allgemeinen Kräftigung des Körpers wurden auch bei rheumatischen
Erkrankungen Heilerfolge erzielt. Entsprechende Kurorte legten sich
stolz den Beinamen „Radiumbad" zu (Beispiel: Radiumbad Brambach,
heute nur Bad Brambach). Andere waren weithin als Radiumbäder
bekannt (Bad Gastein in der Schweiz, Joachimsthal in Tschechien,
Mironowka in der Sowjetunion). Noch bis in die 70er Jahre hinein
kamen zu mir (T. K.-S.) Patienten, die hartnäckig um die Befürwor-
tung einer Kur im Radonbad Mironowka (südlich von Kiew) baten.
Nach wiederholtem Aufenthalt waren sie überzeugt, daß dort ihre
Leiden am besten geheilt werden könnten.
Später zeigte sich, daß der Effekt in der Regel nicht durch das Radium,
dessen Strahlen durch die Arbeiten von Marie Curie so berühmt
worden waren, sondern hauptsächlich durch das radioaktive Edelgas
Radon hervorgerufen wurde, das von Badewannen und Kurhallen in
die Luft übergeht und dann eingeatmet wird.

In der Europäischen Gesellschaft für die Anwendung nuklearer Methoden in der Landwirtschaft trafen sich jedes Jahr etwa 100 Experten zu einem Erfahrungsaustausch, der in 10 Arbeitsgruppen stattfand. Gruppe 1 beschäftigte sich mit der Lebensmittelbestrahlung. Gruppe 2 mit der Strahlenstimulation bei lebenden Organismen . Die weiteren Gruppen arbeiteten über die Anwendung radioaktiver Isotope bei Untersuchungen an Tieren und Pflanzen und bei Bodenuntersuchungen, über die Erzeugung von Mutationen sowie über die Strahlenwirkung auf Insekten und viele andere Fragen. In der Sowjetunion wurde eine fahrbare Anlage für die Bestrahlung von Saatgut gebaut, von der etwa 20 Exemplare in der UdSSR arbeiteten und je eines auch in Rumänien, Bulgarien, Ungarn und der DDR. Die Bestrahlungsleistung betrug bei den üblicherweise angewandten Dosen von einigen 100 rd (einige 0,1 Gy) etwa eine Tonne je Stunde. In der DDR war die 1975 eingeführte, auf einem LKW montierte Bestrahlungsanlage vom Typ „Kolos" („Ähre") in Potsdam-Rehbrücke stationiert, und unter der Verantwortung des Bereichs Angewandte Radiologie der Humboldt-Universität zu Berlin bestrahlte man jährlich Saatgut für Feldkulturen, das für einige 10 000 ha ausreichte. Der Hauptteil davon war Mais für den Grünanbau. Diese Feldversuche wurden von einem promovierten Landwirt betreut und ausgewertet. Die Ergebnisse sind publiziert. In den meisten Fällen konnte eine signifikante Ertragssteigerung erreicht werden /DEG 75/. Dies kann unter anderem mit einer positiven Beeinflussung der Photosynthese /KOE 79/, /KOE 81/ oder der Organdifferenzierung /DEC 83/ zusammenhängen. Bestrahlungen in kleineren Partien wurden von Mitarbeitern des Bereichs Angewandte Radiologie an den Bestrahlungsanlagen der Charité der Humboldt-Universität mit Co-60-Gamma-Strahlung durchgeführt (Gemüse-, Blumen-Saatgut und -Pflanzgut, Saatgut von Feldkulturen für Parzellenversuche).

Mit der Strahlenstimulation beschäftigte sich auch A. Feldmann vom Kernforschungszentrum Jülich über viele Jahre. Er beobachtete als Modellpflanze die kleine Wasserlinse (Lemna minor L.) unter sehr gut definierten Wachstumsbedingungen /FEL 75/.

Schon 1951 hatte der Wiener Strahlenmediziner R. Pape über biopositive Effekte der Bestrahlung mit kleinsten Röntgenstrahlendosen berichtet. Durch langandauernde tägliche Behandlung mit sehr kleinen

Dosen wurde die Blutbildung angeregt, die Wundheilung verbessert und die Empfindlichkeit gegen hohe Strahlendosen deutlich herabgesetzt /PAP 51/.

*„Affenfell"*

Über eine Bestrahlung mit kosmetischem Hintergrund, die wenige Jahre nach der Entdeckung der Röntgenstrahlen stattfand, berichtet /FUC 71/:

„Die erste systematische Anwendung der Röntgenstrahlen für therapeutische Zwecke erfolgte im Herbst 1896 durch L. Freund in Wien. Angeregt durch Mitteilungen über Haarausfall bei Personen, die beruflich mit Röntgenstrahlen zu tun hatten, bestrahlte Freund ein damals 4jähriges Mädchen, welches mit einem den ganzen Rücken bedeckenden Tierfellnävus - naevus pigmentosus piliferus - geboren worden war. Erwartungsgemäß fielen nach den Bestrahlungen die Haare aus, doch trat später ein Ulkus auf, welches erst nach jahrzehntelangem Bestand vernarbte. Durch einen eigenartigen Zufall kamen wir (G. Fuchs und J.Hofbauer, 1966) in die Lage, die Patientin 70 Jahre nach der Röntgenbestrahlung zu untersuchen. Der Rücken der 74jährigen Frau zeigte in der Lumbalgegend eine strahlige Narbe, deren Zentrum von einer dicken Kruste bedeckt war. Schäden an den inneren Geweben oder am Knochenmark waren nicht nachzuweisen..."

Bei medizinischen Anwendungen der ionisierenden Strahlungen - von den relativ langwelligen ultravioletten Strahlen und Röntgenstrahlen über Cäsium- und Kobalt-Gamma-Strahlen bis hin zu den Alpha-Strahlen des Radiums oder des Radons - wurden einerseits die anregenden und fördernden, andererseits auch die wachstums- und entzündungshemmenden Wirkungen ausgenutzt.

Nach einer anfänglichen Euphorie kurz nach der Entdeckung der ionisierenden Strahlungen erkannte man bald, daß sie nicht nur heilend, anregend und fördernd wirken, sondern auch Krankheiten verursachen können. Bis heute besteht kein vollständiges Bild über die biologisch-medizinischen Wirkungen ionisierender Strahlungen, dies besonders bezüglich der Langzeiteffekte. Die akuten Wirkungen auf die Körperzellen werden als *somatische Strahlenwirkungen* bezeichnet.

*Genetische Strahlenwirkungen*

Daneben sind fast drei Jahrzehnte später die *genetischen* Wirkungen der ionisierenden Strahlungen entdeckt worden, die auf einer Veränderung der Erbsubstanz beruhen; Mutationen sind die Folge. Anschließend an die Entdeckung der die Erbsubstanz verändernden Wirkungen an der kleinen Taufliege durch H.J. Muller im Jahre 1927, für die er 1946 den Nobelpreis für Medizin bekam, setzte sich für längere Zeit ein neues Strahlenschutzkonzept durch. Muller hatte festgestellt, daß schon kleinste Strahlendosen im Bereich der stets vorhandenen natürlichen Strahlung zusätzliche Mutationen auslösen können. Ein einzelnes Strahlenquant kann danach mit einer Wahrscheinlichkeit, die von der Dosis unabhängig ist, zu einer Mutation führen, wenn es auf eine dafür empfindliche Stelle trifft (*Treffertheorie*). Da man im Zeitraum Ende der 20er Jahre bis etwa 1960 davon ausging, daß akute Strahlenschäden erst ab einer Schwellendosis auftreten, die um ein Vielfaches über der natürlichen Strahlenbelastung liegt, war nunmehr die auf die Keimdrüsen einwirkende Äquivalentdosis für alle Überlegungen zum Strahlenschutz maßgebend. Deshalb wurden vielfältige Maßnahmen ergriffen, um diese Dosis (s. Fig. 6.3) klein zu halten.

Die *mutagenen* Wirkungen der ionisierenden Strahlungen nutzte man ab etwa 1930 vielfach zur Züchtung von Pflanzensorten mit gewünschten Eigenschaften, etwa Blumen mit größeren oder andersfarbigen Blüten. Bei höheren Tieren ist derartiges niemals praktiziert worden, da fast alle Mutationen - auch bei Pflanzen - negative Abweichungen von der Norm darstellen. Zwischen den direkten Wirkungen auf die Körperzellen einerseits und den Wirkungen auf die Fortpflanzungszellen andererseits liegt ein breites, noch nicht voll erforschtes Wirkungsspektrum.

*Maligne Tumore, Lebensdauerverkürzungen*

Zu den Wirkungen ionisierender Strahlungen gehört die Auslösung von Krebserkrankungen, die lange Zeit nach der Strahleneinwirkung auftreten können. Als Überleitung zum Abschnitt 7.2 zitieren wir den Wiener Mediziner G. Fuchs /FUC 71/:
„Zusammenfassend kann auf Grund der angeführten Beobachtungen

gesagt werden, daß verschiedenartige Strahleneinwirkungen zur Entstehung *maligner Erkrankungen* führen können. Es verdient hervorgehoben zu werden, daß die Erfahrungen an drei verschiedenen Gruppen von Personen, nämlich bestrahlte Patienten, Radiologen und Atombombenüberlebende, im wesentlichen zu den gleichen Schlußfolgerungen geführt haben. Wie wir gesehen haben, entstehen Karzinome in den Fällen, bei denen eine lokale Bestrahlung mit einer Dosis von einigen tausend R zu einer Ulzeration geführt haben...

Andererseits können auch Ganzkörperbestrahlungen mit wesentlich kleineren Dosen als bei der erstgenannten Gruppe zur Entstehung der *Leukämie* oder eines *Malignoms* führen. Diese Art von maligner Strahlenspätschädigung ist besonders genau an den Atombombenüberlebenden studiert worden. Auch diese malignen Leiden entstehen in den meisten Fällen erst viele Jahre oder Jahrzehnte nach der Strahleneinwirkung, wobei die Patienten in der Zwischenzeit, die treffenderweise Latenzzeit genannt wird, sich des besten Wohlergehens erfreuen. Wenngleich die Dauer dieser *Latenzzeit* von Fall zu Fall beträchtlich variiert, ist sie offensichtlich bei Karzinomen länger als bei Leukämien. Ferner können, wie wir an mehreren Beispielen gesehen haben, *maligne Tumoren* auch nach Inkorporierung von Radionukliden, also nach innerer Bestrahlung, entstehen, wobei diese Tumoren in den meisten Fällen von dem Gewebe ausgehen, in welchem das Isotop vorwiegend gespeichert wurde. Wie wir gesehen haben, war die Thorotrastkatastrophe das unbeabsichtigte Experiment, das diese Vorgänge aufgeklärt hat.

Die Mehrzahl der Strahlenbiologen und Kanzerologen stimmt ferner darin überein, daß die Kanzerisierung einer Zelle als Ausdruck einer *somatischen Mutation* aufzufassen ist. Nach dieser jetzt vorwiegend vertretenen Auffassung können alle Arten ionisierender Strahlen, die an den Keimzellen germinale Mutationen hervorrufen, in anderen Geweben somatische Mutationen erzeugen. Freilich bleibt der Zusammenhang zwischen Dosis und Effekt auf dem Gebiete der somatischen Mutationen noch weitgehend ungeklärt... Die Erfahrungen über die besondere Anfälligkeit von Kindern und Jugendlichen hinsichtlich maligner Späterkrankungen sowie über kindliche Leukämie nach pränataler Strahleneinwirkung legen die Vermutung nahe, daß die Anfälligkeit umso größer ist, je jünger das Individuum. Wir dürfen

daher annehmen, daß die Anfälligkeit in der Reihe Fötus-Kind-Jugend-licher-Erwachsener im großen und ganzen abnimmt.
Eine weitere Form der Strahlenschädigung ist die *vorzeitige Alterung*, welche zur *Verkürzung der Lebensdauer* führt." (Kursive Hervorhebungen von R. K./T. K.-S.). Thorothrast war ein gern benutztes Kontrastmittel bei Röntgenuntersuchungen, das radioaktives Thorium enthielt.

## 7.2 Krankheiten nach Einwirkung kleiner und mittlerer Strahlendosen

Was eine „kleine Dosis" ist, wird von Fall zu Fall verschieden interpretiert. In diesem und dem nächsten Abschnitt benutzen wir den Begriff folgendermaßen: Dosen, die innerhalb von maximal 30 Tagen zum Tode führen, werden als hohe Dosen bezeichnet. Wenn aber die akute Strahlenkrankheit nicht auftritt (unterhalb der „Schwellendosis"; Tab. 7.2), erörtern wir die Wirkungen der Strahlen in diesem Abschnitt als Folgen kleiner Dosen. Zwischen der *Schwellendosis* und der *letalen Dosis* liegen dann die mittleren Dosen. Die Tabelle 7.2 gibt einen Überblick über die beobachteten Erscheinungen nach einer Ganzkörperbestrahlung, die in kurzer Zeit mit hoher Dosisleistung erfolgt.

Bestrahlungen einzelner Organe wirken sich besonders auf diese aus und rufen dort spezifische Effekte hervor, können aber mit einem Wertungsfaktor auch auf die Belastung des gesamten Körpers umgerechnet werden /BOS 91/. Die verschiedenen Organe sind gegenüber ionisierenden Strahlungen unterschiedlich empfindlich. Die Extremitäten (Arme und Beine) bleiben relativ resistent. Alle Gewebe des menschlichen Körpers, in denen eine schnelle Zellteilung erfolgt, sind dagegen besonders strahlensensibel. Dazu gehören beim Erwachsenen: die blutbildenden Organe und das lymphatische System (Knochenmark, Milz, Thymus, Lymphknoten), die Schleimhautkomplexe des Magen-Darm-Traktes, der Luftwege und von Blase und Harnleiter sowie die Keimdrüsen und die Haarpapillen. Eine Vorstellung von der Geschwindigkeit der im menschlichen Körper ablaufenden Zellteilungsvorgänge liefert vielleicht die folgende Angabe: In einem gesunden Erwachsenen werden je Sekunde mehr als 1000 Leukozyten gebildet.

Tabelle 7.2   Äquivalentdosiswerte für das Auftreten bestimmter Frühschadenssymptome nach Ganzkörperbestrahlung

| Dosis | beobachtete Symptome nach /BOS 91/ |
|---|---|
| **Schwellen-dosis** 0,25 Sv | **erste klinisch faßbare Bestrahlungseffekte (0,2 bis 0,3 Sv):** Kurzzeitige quantitative Veränderungen im Blutbild, insbesondere Absinken der Lymphozytenzahl. |
| **subletale Dosis** 1 Sv | **vorübergehende Strahlenkrankheit (0,75 bis 1,5 Sv):** Unwohlsein (Strahlenkater) am ersten Tag möglich. Absinken der Lymphozytenzahl im Verlauf von zwei Tagen auf Werte von ca. 1500 mm$^{-3}$. Nach einer Latenzzeit von zwei bis drei Wochen treten Haarausfall, wunder Rachen, Appetitmangel, Diarrhöe, Unwohlsein, Mattigkeit, stecknadelkopfgroße purpurfarbene Hautflecken (Petechien) auf. Bei Männern vorübergehendes Absinken der Spermienproduktion. Meist baldige Erholung. |
| **mittel-letale Dosis** 4 Sv | **schwere Strahlenkrankheit (3 bis 6 Sv):** Übelkeit und Erbrechen am ersten Tag. Absinken der Lymphozytenzahl bei Dosen um ca. 3 Sv auf Werte um 1000mm$^{-3}$. Bei Dosen über 5 Sv fast vollkommenes Verschwinden aus der Blutbahn. Bei Granulozyten zunächst steiler Anstieg, ab zweite Woche Abfall der Werte auf etwa 2000 mm$^{-3}$. Hauptursache für große Infektionsneigung. Nach 10 bis 14 Tagen zeigen sich Haarausfall, Appetitmangel, allgemeines Unwohlsein, Diarrhöe, schwere Entzündungen im Mund- und Rachenraum, innere Blutungen (Hämorraghie), Fieber, Petechien, Purpura (größere purpurfarbene Hautflecken). Bei Männern je nach Dosis vorübergehende bis lebenslange Sterilität, bei Frauen Zyklusstörungen. Bei fehlenden Therapiemaßnahmen ist bei Dosen über 5Sv mit etwa 50% Todesfällen zu rechnen. |
| **letale Dosis** 7 Sv | **tödliche Strahlenkrankheit (6 bis 10 Sv):** Übelkeit und Erbrechen nach 1 bis 2 Stunden. Nach drei bis vier Tagen Diarrhöe, Erbrechen, Entzündungen in Mund und Rachen sowie im Magen-Darm-Trakt (Hämorraghie), Fieber, schneller Kräfteverfall. Bei fehlenden Therapiemaßnahmen Mortalität fast 100%. |

Die besondere Strahlenempfindlichkeit von Kleinkindern, ja des menschlichen Fötus, wird aus folgendem Beispiel deutlich:
A. Körblein in München hat durch eine genaue statistische Analyse der Jahresdaten der perinatalen Sterblichkeit für Deutschland nachgewiesen, daß die Tschernobylkatastrophe auch in Deutschland zu einer signifikant erhöhten perinatalen Sterberate geführt hat. Die Erhöhung betrug im Jahre 1987 in der BRD 0,02 % und in der DDR 0,03 %. Bei

Einbeziehung der monatlichen perinatalen Sterberaten ergaben sich zwei Maxima: im Februar 1987 und im November/Dezember 1987. Die Monatswerte für Februar und November 1987 waren auf dem 1-%-Niveau signifikant erhöht. Zeitlich sind diese Maxima mit den europaweit gemessenen Maximalwerten, die jeweils 7 Monate früher (maximale Strahlenempfindlichkeit des Fötus) lagen, korreliert. Erste Rechnungen haben ergeben, daß für Polen die zusätzliche Sterberate etwa doppelt so hoch war wie für Deutschland, was wegen des dort deutlich höheren Tschernobyl-Fallouts durchaus plausibel ist.

Die Energie ionisierender Strahlungen zerschlägt, auch bei Einwirkung kleiner Strahlendosen, überall im Körperinneren längs ihres Weges wahllos große organische Moleküle, die z.T. wichtige Steuer- und Regelfunktionen ausüben. Dadurch können Funktionsunfähigkeit und Fehlsteuerungen auftreten, die - besonders wenn sie biologisch multipliziert werden - zu schwerwiegenden Erkrankungen führen können, z.B. zu Krebserkrankungen.

In vielfältigen Untersuchungen ist an den überlebenden Opfern der Atombombenabwürfe in Japan festgestellt worden, daß noch einige Jahrzehnte nach der Bestrahlung ein erhöhtes Krebsrisiko besteht. Dabei gibt es einige Krebsarten, die erst nach einer Latenzzeit von 10 Jahren und mehr auftreten und bei denen die jährliche Zahl der Erkrankungen erst nach 15 bis 20 Jahren das Maximum erreicht, z.B. bei Leukämie.

Andererseits konnte niemals nachgewiesen werden, daß in Gebieten mit deutlich höherem Strahlenuntergrund auch die Häufigkeit von Krebserkrankungen, Mißbildungen, Fehl- oder Totgeburten größer ist als in sonst vergleichbaren Gebieten mit geringerem Strahlenuntergrund. Bei einer umfangreichen Studie in den USA zu dieser Problematik kam sogar das gegenteilige Ergebnis heraus. Dies wurde damit gedeutet, daß in Gebieten mit höherer Untergrundstrahlung die Mechanismen für die Reparatur von Strahlenschäden besser entwickelt seien. Diese Arbeit rief allerdings starken Widerspruch hervor, und ihre Ergebnisse wurden angezweifelt. Unbestritten bleibt die Erhöhung der Krebserkrankungen nach dem Kernwaffeneinsatz in Japan. Dort ist aber die nachträgliche Abschätzung der erhaltenen Strahlendosen sehr problematisch. Sie wurden im letzten Jahrzehnt noch einmal nach unten korrigiert. Damit wuchs für eine gegebene Äquivalentdosis das Strahlenrisiko an.

Die Strahleneinwirkung erfolgte bei den Atombombenopfern in anderer Weise als bei den meisten der von der Tschernobylkatastrophe Betroffenen. In Japan und bei denen, die in Tschernobyl während der Explosion und kurz danach in der Nähe des Reaktors waren (Bedienungsmannschaft, Feuerwehr), handelte es sich um eine relativ kurzzeitige Bestrahlung, bei allen anderen wurde die Dosis über längere Zeit akkumuliert.

Eine Besonderheit der Schilddrüse kommt hier zum Tragen. In den ersten Tagen der Katastrophe, als der Reaktor noch brannte, entwichen in großer Menge radioaktive Isotope, besonders die leicht verdampfenden Stoffe. Zu den am meisten flüchtigen Elementen gehört das Jod, das als eines der häufigsten Produkte der Kernspaltung entsteht und deshalb in großer Menge in der Rauchfahne des brennenden Reaktors enthalten war. Wo immer die mit dem radioaktiven Auswurf vermischten Gase hinkamen - nach Rumänien, Polen, Finnland, Schweden, Norwegen..., fast nach ganz Europa, einschließlich Deutschland (Tab. 6.4), Österreich und der Schweiz -, wurde im Freien mit der Atemluft das radioaktive Jod eingeatmet, am meisten natürlich in der Nähe der Katastrophe: in der Ukraine, in Weißrußland und Rußland, besonders in der 30-km-Zone um den Reaktor. Das Jod gelangt über die Lunge oder aber mit Trinkwasser, Gemüse, Obst, Milch und anderen Nahrungsmitteln in den menschlichen Körper. Dort wird es zum großen Teil in der Schilddrüse konzentriert. Dieser Konzentrationsprozeß ist umso stärker, je schwächer die Versorgung mit normalem Jod im vorhergehenden Zeitraum war. Deshalb kann eine Gabe von stabilem Jod v o r der Inhalation des radioaktiven nützlich sein. N a c h der Aufnahme des radioaktiven Jods und seiner Ansammlung in der Schilddrüse ist sie eher schädlich, da sie dem Abtransport des radioaktiven Jods aus der Schilddrüse entgegenwirkt. Das radioaktive Jod hat in den stark belasteten Gebieten in der Ukraine, in Weißrußland und in Rußland innerhalb weniger Tage zu Strahlendosen in der Schilddrüse geführt, die - wenn alle Körperteile so stark bestrahlt worden wären - mit Sicherheit tödlich gewesen wären. Kein anderes Körperorgan erhielt eine derart hohe Dosis. Deshalb wurde auch sofort vorausgesagt, daß Unterfunktionen oder Fehlfunktionen der Schilddrüse durch Strahlenschädigung des Drüsengewebes bis hin zu malignen Tumoren die Folge sein würden. Besonders sollten nach diesen Prognosen Kinder betroffen sein, da bei ihnen wegen der höheren Stoffwechselaktivität der Konzentrationsprozeß des radioaktiven Jods schneller verläuft als bei Erwachsenen und das Schilddrüsengewebe wegen des noch nicht abgeschlossenen Wachstums strahlenempfindlicher ist. Bemerkenswerterweise wurde jedoch in den ersten fünf, sechs Jahren - fast bis zur Auflösung der UdSSR - nichts über eine erhöhte Häufigkeit von Erkrankungen der Schilddrüse, insbesondere bei Kindern bekannt. Erst in den 90er Jahren stellt man in Weißrußland und in der Ukraine mehr und mehr Fälle fest, auch Schilddrüsenkrebs.

In einer 1993 erschienenen Broschüre der Weltgesundheitsorganisation WHO zu den gesundheitlichen Folgen der Reaktorkatastrophe /WHO 93/ wird mitgeteilt, daß bis Ende 1992 in Weißrußland 160 Fälle, in der Ukraine etwa 80 Fälle von Schilddrüsenkrebserkrankungen gefunden wurden, in den gleich stark belasteten Gebieten Rußlands aber kein einziger Fall aufgetreten sei. Aus dieser überraschenden „Faktenlage" wird geschlußfolgert, daß außer dem radioaktiven Jod noch „irgend welche anderen örtlichen Faktoren" - speziell in den etwa gleich stark radioaktiv belasteten Gebieten Weißrußlands - zu den Krebserkrankungen geführt haben müssen. Die Bevölkerung wird aufgerufen, enger mit den Ärzten zusammenzuarbeiten, um diese Faktoren zu finden. Im Dezember 1993 fand in München eine Konferenz statt /BMU 93/, die sich im Zusammenhang mit den deutschen Radioaktivitätsmessungen in den drei Ländern, die seit 1990 nach einem gemeinsamen Programm durchgeführt wurden, mit den Folgen der Reaktorkatastrophe befaßte. Die Vertreter Weißrußlands und der Ukraine gaben ihre erschreckenden Zahlen bekannt, doch von den Offiziellen Rußlands war noch immer nichts über vermehrt auftretende Schildrüsenerkrankungen zu vernehmen.
Wenig später, im Januar 1994, erfuhren wir von örtlichen Behörden Südwestrußlands, daß 1993 schon eine erhebliche Anzahl von Schilddrüsenerkrankungen registriert worden sei, darunter auch Krebs bei Kindern. Heute ist allgemein bekannt, daß auch in Rußland die Zahl der Schilddrüsenerkrankungen, nicht nur bei Kindern, rapide

zugenommen hat. Eine offizielle Statistik dazu liegt uns jedoch noch nicht vor.

Aus dem Beispiel der Schilddrüsenerkrankungen ist ersichtlich, daß es zur Zeit noch schwierig ist, einen umfassenden Überblick über die gesundheitlichen Folgen der Reaktorkatastrophe am Pripjat zu gewinnen. Aufgrund der jetzt laufenden Untersuchungsprogramme und der zunehmenden Offenheit der offiziellen Stellen in der Ukraine und auch in den beiden anderen betroffenen Staaten ist zu erwarten, daß das Defizit an fundierten Informationen allmählich verringert werden kann. In der Ukraine beschäftigt sich u.a. eine Hauptabteilung des Ministeriums für Gesundheitswesen mit der Organisation der medizinischen Untersuchungen der Folgen der Katastrophe und der gesundheitlichen Betreuung der Geschädigten. Entsprechende Diagnose- und Behandlungszentren sind in Kiew (Ukraine), Gomel (Weißrußland) und Brjansk (Rußland) geschaffen worden, befinden sich z.T. jedoch noch im Auf- bzw. Ausbau, mit ungesicherter Finanzierung für einen längeren Zeitraum.

Eine Reihe von Ergebnissen grundlegender Einzeluntersuchungen sowohl radiologisch-technischer als auch medizinisch-biologischer oder landwirtschaftlich-veterinärmedizinischer Art liegt bereits vor, beispielsweise zum Gesundheitszustand des in der Sonderzone arbeitenden Personals (Tab. 7.3) /WOC 94/, zum Einfluß der Strahlung auf das Immunsystem des Menschen /KOM 94/, zur Radioaktivität im Grundwasser /SKA 94/, in stehenden und fließenden Oberflächengewässern, im Fleisch der Fische bestimmter Gewässer /KAS 94/, zum Einfluß verschiedener Bewirtschaftungsmethoden auf den Übergang radioaktiver Stoffe aus dem Boden in die Feldfrüchte (s. Abschn. 8)...

Bezüglich des langfristigen vermehrten Auftretens von Erkrankungen zeichnet sich dabei folgendes Bild ab:

1. Es tritt eine deutliche Schwächung des Immunsystems auf. Dadurch sind die natürlichen Abwehrreaktionen des Körpers gegen normale (etwa Erkältungs-) Krankheiten beeinträchtigt („Strahlen-AIDS").
2. Erkrankungen des endokrinen Systems (einschließlich Schilddrüse) treten verstärkt auf, besonders bei Kindern. Das gleiche trifft für Erkrankungen des Herz-Kreislauf-Systems, des Speiseröhren-Magen-

Darm-Traktes und des Nervensystems sowie für psychische Erkrankungen zu. Es sei an dieser Stelle angemerkt, daß vor allem die im letzten Satz genannten Erkrankungen auch bei völlig anderen Streßeinwirkungen auftreten, beispielsweise bei Lärm.

3. Besonders verstärkt werden Komplikationen der Schwangerschaft und Mißbildungen bei den Neugeborenen beobachtet. Die bei Kindern größere Häufigkeit von Erkrankungen ist z.T. vermutlich auch genetisch bedingt.

4. Die Sterberate nimmt zu, die Geburtenrate ab. Hierfür sind neben direkten und indirekten Folgen der Katastrophe sicher auch die sozialen Veränderungen des letzten Jahrzehnts verantwortlich. Hier sei daran erinnert, daß auf dem Gebiet der ehemaligen DDR nach der deutschen Vereinigung die Geburtenrate innerhalb weniger Jahre auf etwa die Hälfte zurückgegangen ist. Andererseits soll angemerkt werden, daß eine lange bekannte Folge der Strahlenschädigung die vorzeitige Alterung ist, welche zur Verkürzung der Lebensdauer führt /FUC 71/.

5. Die perinatale Sterblichkeit nimmt zu.

Bei dieser Zusammenfassung in fünf Punkten sei nochmals darauf hingewiesen, daß sie weder umfassend noch vollständig die gesundheitlichen Folgen der Tschernobyler Katastrophe widergeben kann. Wie die Anmerkungen zu den Punkten 2 und 4 andeuten, lassen sich die kausalen Zusammenhänge oft nicht eindeutig nachweisen. Viele der vermehrt auftretenden Krankheiten müssen nicht ursächlich durch Strahlung bedingt sein.

Der amerikanische Mediziner und Strahlenforscher J. Gofman führt in seinem Buch „Tschernobyler Havarie. Die Strahlenfolgen für die gegenwärtige und für zukünftigen Generationen" 38 verschiedene Erkrankungen auf, über deren verstärktes Auftreten fünf Jahre nach der Katastrophe in der Ukraine und in Weißrußland berichtet wurde.

Um dem Leser einen Eindruck von den möglichen Erkrankungen zu vermitteln, sollen hier Teile der Ergebnisse medizinischer Untersuchungen /WOC 94/ an den im Kraftwerk und in der 30-km-Zone Arbeitenden angeführt werden. Mehr als 95 % der Untersuchten sind zwischen 20 und 59 Jahre alt. Fast 80 % sind Männer. Mehr als 60 % (im Kraftwerk sogar 85%) arbeiteten länger als fünf Jahre in der Zone. Der untersuchte Personenkreis umfaßt insgesamt 12500 Arbeitskräfte. Allerdings wurden 1986/87 viele von ihnen ausgetauscht. Über die Verbreitung von Krankheiten verschiedener Krankheitsgruppen gibt Tabelle 7.3 Aufschluß.

Tabelle 7.3  Krankheiten bei den in der Sonderzone Arbeitenden

| Schlüssel IKV | 1986 | 1987 | 1988 | 1989 | 1990 | 1991 | 1992 |
|---|---|---|---|---|---|---|---|
| 001-139 | 8.6 | 24.0 | 27.3 | 20.3 | 22.1 | 20.6 | 15.3 |
| 140-239 | 4.5 | 8.2 | 13.4 | 16.2 | 20.3 | 29.4 | 37.5 |
| 240-279 | 17.2 | 21.0 | 45.3 | 106.1 | 97.9 | 109.2 | 141.1 |
| 280-289 | 16.7 | 7.0 | 4.2 | 4.6 | 3.1 | 6.0 | 13.4 |
| 290-310 | 156,6 | 152.6 | 96.2 | 104.1 | 116.4 | 165.0 | 225.2 |
| 320-389 | 166.6 | 210.2 | 248.4 | 296.4 | 350.5 | 359.2 | 393.0 |
| 390-459 | 67.7 | 62.3 | 73.6 | 103.3 | 127.1 | 171.7 | 244.6 |
| 460-519 | 288.9 | 221.1 | 250.2 | 223.2 | 214.0 | 292.0 | 246.4 |
| 520-579 | 198.2 | 217.7 | 211.1 | 149.7 | 308.1 | 363.2 | 413.1 |
| 580-620 | 9.9 | 21.0 | 26.6 | 26.7 | 23.4 | 40.4 | 53.9 |
| 630-676 | 0.9 | 7.2 | 8.0 | 5.1 | 4.0 | 4.3 | 5.6 |
| 680-709 | 23.5 | 43.5 | 38.9 | 34.7 | 37.0 | 37.2 | 32.1 |
| 710-739 | 58.4 | 84.6 | 01.5 | 126.0 | 146.8 | 197.3 | 230.9 |
| 740-759 | 3.2 | 2.1 | 1.8 | 3.7 | 3.2 | 4.0 | 4.0 |
| 780-799 | 8.6 | 11.9 | 7.4 | 6.7 | 9.0 | 11.0 | 9.9 |
| 800-999 | 160.3 | 70.5 | 74.5 | 71.8 | 54.6 | 53.9 | 39.1 |
| 001-999 | 1190.1 | 1166.3 | 1228.9 | 1398.8 | 1537.7 | 1864.6 | 2105.4 |

In der ersten Spalte der Tabelle 7.3 sind Krankheiten zu Gruppen zusammengefaßt, wobei die dort aufgeführten Schlüssel des internationalen Krankheitenverzeichnisses (IKV) für die folgenden Krankheitsgruppen stehen: 1-139 - Infektions- und Parasitenkrankheiten, 140-239 - Neubildungen, 240-279 - Krankheiten des endokrinen Systems, 280-289 - Erkrankungen des Blutes und der Blutbildungsorgane, 290-310 - psychische Erkrankungen, 320-389 - Krankheiten des Nervensystems und der Sinnesorgane, 390-459 - Kreislauferkankungen, 460-519 - Erkrankungen der Atmungsorgane, 520-579 - Erkrankungen der Verdauungsorgane, 580-620 - Erkrankungen der Harnausscheidungs- und Geschlechtsorgane, 630-676 - Schwangerschafts- und Geburtskomplikationen, 680-709 - Krankheiten der Haut und der Unterhaut, 710-739 - Knochen- und Muskelkrankheiten, 740-759 - Wachstums-

und Entwicklungsanomalien, 780-799 - unklare Symptome, 800-999 - Traumen und Vergiftungen.
Bei den meisten Krankheiten wird von 1986/87 bis 1992 ein starker Anstieg beobachtet. Eine deutliche Ausnahme bilden Traumen und Vergiftungen. Insgesamt wird in diesem Zeitraum etwa eine Verdoppelung der Zahl der Erkrankten beobachtet (letzte Zeile). Am stärksten steigen die Erkrankungen in der Gruppe Neubildungen (einschließlich bösartiger) und bei den Krankheiten des endokrinen Systems (auf 830 bzw. 820 %) sowie die Schwangerschafts- und Geburtskomplikationen (auf 620%).

In der Ukraine veröffentlicht die Hauptabteilung Tschernobyl des Ministeriums für Gesundheitswesen jährlich im April eine Bilanz der durch die Katastrophe verursachten Gesundheitsschäden. In der Pressemitteilung zum 9. Jahrestag der Katastrophe werden u.a. ausführliche Daten zu den Erkrankungen an Schilddrüsenkrebs mitgeteilt: Die Gesamtanzahl der Erkrankten hat sich in den letzten Jahren im Vergleich zu den Jahren vor der Reaktorhavarie im Durchschnitt der Ukraine auf das Zehnfache erhöht. Noch schrecklicher ist die Bilanz bei den Todesfällen durch Schilddrüsenkrebs. Während es vor 1986 nur einen Fall in 10 Jahren gab, sind seit der Reaktorexplosion bereits etwa 100 Menschen, fast ausschließlich Kinder und Jugendliche, an dieser Krankheit gestorben, und alle in den von der Katastrophe am stärksten betroffenen Bezirken des Landes. Der Gesundheitszustand der Kinder in diesen Regionen ist allgemein besorgniserregend. Erhöhte Sterberaten gibt es besonders durch Erkrankungen der Atemwege, des Nervensystems und der Sinnesorgane, des Verdauungssystems, der Haut, des Blutes und der Blutbildungsorgane.
Die zweite Risikogruppe sind die strahlengeschädigten erwachsenen Überlebenden der Katastrophe. Das ukrainische Register umfaßte per 1. Januar 1995 genau 421 578 Zivilpersonen, darunter 173 416 Teilnehmer an der Beseitigung der radioaktiven Kontamination des Kraftwerks und seiner Umgebung. Von diesen sind 5 042 Frauen und 168 374 Männer. Obwohl diese Menschen im besten Lebensalter sind, ist die Sterblichkeit in dieser Gruppe sehr hoch, auch durch Krebserkrankungen der Verdauungsorgane, des Atmungssystems, der Schilddrüse und des blutbildenden Systems. Auffällig ist eine sehr hohe

Suizidrate in diesem Personenkreis. Unter den 36 000 Personen, die im militärmedizinischen Register der Strahlengeschädigten erfaßt sind (vorwiegend Polizei und Feuerwehr), stehen an erster Stelle der Todesursachen Traumen, Unfälle und Suizide. Für die Familien der Betroffenen, die meist mehrere Kinder haben und deren Eltern in der Regel noch leben, sind die Selbstmordfälle sehr tragisch.

Die Autorin (Tatjana Koepp-Schewyrina) hat mehrere solcher Fälle in ihrem Arbeitsbereich erlebt. Einer davon soll hier kurz berichtet werden (Namen geändert): Der etwa 30jährige Techniker Alexander B. nahm ab Mitte Mai 1986 für zwei Wochen als Reservist an den Arbeiten zur Beseitigung der Havariefolgen teil. Die Armee hatte ihn zum Reservedienst einberufen. Nach Hause zurückgekehrt, fühlte er sich schwach und unwohl, obwohl er vorher ein aktiver, technisch sehr interessierter Mensch gewesen war. Man gab ihm keine Information über die Strahlendosis, der er in Tschernobyl ausgesetzt worden war. Die Arbeit als Landmaschinenschlosser, die ihm vorher Freude gemacht hatte und gut von der Hand gegangen war, fiel ihm nun immer schwerer. Zur allgemeinen Schwäche kamen Kopfschmerzen, die sich zunächst durch Medikamente abschwächen ließen. Die Ärzte begannen, ihn auf vegetative Gefäß-Distonie zu behandeln. Sie empfahlen, nur „saubere" Lebensmittel (d.h. nicht radioaktive) zu essen, angereichert mit Vitaminen, viel Obst und Gemüse. Aber wer wird seiner Familie - und er hatte zwei Kinder im Vorschulalter - das wenige Obst, das in den staatlichen Läden zu kaufen war, wegessen? Doch das Unwohlsein und die Kopfschmerzen wurden immer unerträglicher. Die Kinder erkannten ihren vorher gutmütigen und umgänglichen Vater nicht wieder. Er schwieg mit mürrischem Gesicht, und wenn er sprach, dann hauptsächlich über seine Krankheit und seine Schmerzen.

Obwohl man in der Familie versuchte, ihm eine ruhige Atmosphäre zu sichern, hielt er es in seiner Wohnung in einem Mehrfamilienhaus immer schwerer aus. Der geringste Lärm störte ihn. Immer öfter mußte er zu seinen Eltern ausweichen, die in einem Einfamilienhaus lebten. Wenn die Schmerzen nachließen, half er ihnen im Haushalt: Wasser tragen, Holz hacken, Schnee fegen, im Sommer Gras mähen. Am meisten bedrückte ihn, daß die Ärzte seine Krankheit nicht als durch Strahlung verursacht ansahen. Er fürchtete, daß - wenn mit ihm etwas passieren würde - die Familie nicht abgesichert wäre. Eine Kur oder eine gute Heilbehandlung waren so ebenfalls nicht möglich. Aus der Poliklinik kam er in düsterer Stimmung zurück. Die Kopfschmerzen wurden so stark, daß er sie nicht mehr ertragen konnte. Er schrie vor Schmerz und verlangte zu sterben. Seine Frau lebte im Gefühl kommenden Unglücks, die Kinder sahen traurig auf den Vater, der mit ihnen nicht mehr scherzte und auch keine interessanten Geschichten mehr erzählte. Einmal kam er zufriedener aus der Poliklinik zurück. Er hatte alle erforderlichenen Dokumente abgegeben. Er sagte seiner Frau, daß er alles Nötige getan habe und ging zu seinen Eltern. Er kam bei den Eltern nicht an und auch nicht nach Hause zurück. Im Stall, wo er Holz gespaltet hatte, erhängte er sich.

## 7.3 Akute Erkrankungen bei höheren Strahlendosen

Die akuten Erscheinungen nach Einwirkung hoher Dosen ionisierender Strahlungen sind der Öffentlichkeit seit den beiden Atombombenabwürfen bekannt. Allerdings spielen für den Bekanntheitsgrad der Symptome des akuten Strahlensyndroms verschiedene Verdrängungseffekte eine Rolle. Beispielsweise sind in den jüngeren Generationen immer weniger konkrete Kenntnisse darüber vorhanden, welche Folgen die aufgenommene Strahlendosis für die japanischen Atombombenopfer, die nicht sofort tot waren, hatten.

Unmittelbar nach den Atombombenexplosionen wurden keine medizinischen Untersuchungen der Personen durchgeführt, die einer hohen Strahlendosis ausgesetzt waren. Die Besatzungsmacht verbot bis 1951 diesbezügliche Veröffentlichungen. Eine genaue medizinische Beschreibung einschließlich Anamnese war nicht möglich. Wer sich für die Krankheitsverläufe bei den japanischen Strahlenopfern und für ihre Schicksale interessiert, dem seien die Erinnerungen von Kindern über die Leiden ihrer betroffenen Angehörigen empfohlen /VIN 80/.

Hier seien drei genauer dokumentierte Strahlenunfälle nach /FUC 71/ zitiert und kurz kommentiert. Es handelt sich dabei um Kritikalitätsunfälle aus der Anfangszeit der Reaktorforschung und -technik, die sich im Rahmen des britischen Kernwaffenentwicklungsprogramms im Jahre

1946 ereigneten. Dabei passierte es, daß beim Umgang mit Kern-
brennstoffen, der meist ohne große Hilfsmittel (z.B. ohne Greifer, aber
mit Handschuhen als „Strahlenschutz") und aus geringer Entfernung
durchgeführt wurde, der Vorrat, zu dem man etwas hinzufügen wollte,
so groß war, daß durch das Hinzugefügte der kritische Zustand
erreicht wurde. Im Moment des Hinzufügens trat eine sehr hohe
Neutronendosis auf, zusammen mit einer erheblichen Gamma-Strahlen-
dosis (1000 rem = 10 Gy).
Nun zum ersten Fall (Ganzkörperdosis 6 Gy):
„Der 26jährige, unverheiratete Mann wurde 25 min nach dem Unfall
ins Krankenhaus eingeliefert. Er hatte gerade den Versuchsaufbau
berührt, als die Kettenreaktion eintrat. Die Strahlen verteilten sich nicht
gleichmäßig über seinen Körper. Seine Hände hatten eine sehr starke
Strahlendosis erhalten, die rechte mehr als die linke. Wahrscheinlich
erhielt die rechte Hand 20 000 bis 40 000 rem weicher Strahlen, die
linke Hand 5 000 bis 15 000 rem. Nach einer Berechnung belief sich
die Dosis für den ganzen Körper auf 590 R (etwa gleich 600 rem).
Nach einem 24stündigen Anfangsstadium mit Magenbeschwerden und
allgemeiner Erschöpfung besserte sich der Zustand des Patienten, er
blieb aber weiter sehr schwach. Das Gefühl der Taubheit in beiden
Händen ging in immer heftigere Schmerzen über, die während der
ersten Tage das auffallendste Symptom blieben. Am 5. Tag stieg die
Temperatur, in Verbindung mit Tachykardie. Das Fieber stieg immer
weiter, bis es am 24. Tag über 41 Grad (rektal) erreichte. Der Zustand
des Patienten verschlechterte sich ständig. Er verlor an Gewicht und
sein Aussehen veränderte sich sichtlich. Während des ersten Krank-
heitsstadiums war zeitweilige Bewußtseinstrübung zu beobachten. Am
24. Tag setzte Bewußtlosigkeit ein und der Patient starb am Vormit-
tag dieses Tages...
An den Händen entwickelten sich mehrere Blasen. Nach 36 Stunden
hatten einige davon einen Durchmesser von 5 cm erreicht. Die Ge-
sichtshaut und die Haut am Oberkörper waren sehr rot, wie stark
sonnenverbrannt, am 20. Tag sah es wie eine Verbrennung dritten
Grades aus. Der Patient klagte über Brennen und Tränen der Augen,
bis zum 19. Tag hatte er das Haar an den Schläfen, am Vorderkopf,
Kinn, Körper und in der Schamgegend verloren. Merkwürdigerweise
blieben die Augenbrauen erhalten, doch konnte man einzelne Haare mit

Leichtigkeit herausziehen... Während der ersten 24 Stunden nach dem Unfall hatte der Patient Perioden, in denen er aufstieß und erbrach, und eine Zeitlang übergab er sich fast ununterbrochen..., die Urinausscheidung blieb normal."

Ein weiterer Fall (etwa 20 Gy):
„Der Patient, ein 32jähriger unverheirateter Mann, wurde eine Stunde nach dem zweiten Unfall in das Krankenhaus eingeliefert. Er berührte die Versuchsmasse mit der linken Hand, als die Kettenreaktion eintrat. Seine Arme und einige Teile des Körpers waren verschieden stark der Strahlung ausgesetzt... Im ganzen wird die Strahlung, die sein Körper erhielt, auf das Äquivalent von 1930 R Röntgenstrahlen und 114 R Gammastrahlen geschätzt.
Bei der Aufnahme war der Patient unruhig und klagte über Übelkeit. Er hatte vor der Untersuchung einmal erbrochen und erbrach sich während der folgenden Stunden noch mehrmals. Er war gut entwickelt und schien in ausgezeichneter körperlicher Verfassung... Während der ersten 5 Tage befand sich der Kranke in gutem Allgemeinzustand. Er fühlte sich verhältnismäßig wohl, und nachdem er sich von der ersten Reaktion des Magen-Darm-Traktes erholt hatte, waren seine Haltung und seine Stimmung ausgezeichnet. Am 5. Tag fiel die Zahl der Leukozyten steil ab. Den Tag darauf stiegen Temperatur und Puls plötzlich stark an. Von da an verfiel der Patient rasch. Während der letzten Tage verlor er sichtlich an Gewicht. Am 7. Tag litt der Patient zeitweilig an Bewußtseinstrübung. Er sank allmählich in Bewußtlosigkeit und starb ohne Kampf am 9. Tag."

Bei beiden Patienten werden die typischen Symptome der akuten Strahlenkrankheit deutlich: starkes Erbrechen, Schäden im Magen-Darm-Trakt, steiler Abfall der Leukozytenzahl, schwere Verbrennungen, Haarausfall, Brennen in den Augen, bei sehr hoher Strahlendosis Bewußtseinstrübung und starke Kopfschmerzen.

Abschließend ein dritter Fall mit günstigerem Ausgang (4 Gy):
„Der Patient, ein 34jähriger Mann, wurde innerhalb einer Stunde nach dem zweiten Unfall in das Krankenhaus eingeliefert. Im Augenblick der Kettenreaktion war er 90 cm von der Versuchsanordnung entfernt. Die Strahlendosis wurde gleichmäßiger über den ganzen Körper verteilt als

im ersten Fall. Er war teilweise von den Strahlen abgeschirmt, so daß Kopf, Schultern und linker Arm eine stärkere Strahlendosis erhielten als der übrige Rumpf. Die durchschnittliche Strahlendosis auf seinen Körper wurde auf das Äquivalent von 390 R Röntgenstrahlen und 26 R Gammastrahlen berechnet.

Der Patient befand sich vor dem Unfall in guter Gesundheit, er war verheiratet und hatte ein Kind. Seine berufliche Vorgeschichte ist wichtig, denn er hatte mehrere Jahre mit ionisierenden Strahlen gearbeitet. Er war ihnen ständig ausgesetzt, doch war bekannt, daß die Dosis unter 0,1 R pro Tag blieb. Nur in zwei Ausnahmefällen hatte er im Laufe einer Woche mehrere R erhalten. Vor dem Unfall war er 18 Monate lang keiner Strahlung ausgesetzt gewesen.

Der Patient fühlte sich zwar bei seiner Aufnahme ins Krankenhaus wohl, erbrach sich aber mehrere Stunden später. Im Laufe der nächsten 12 Stunden verschwand die Übelkeit, und der Appetit kehrte zurück. Der Patient hatte keinen Durchfall und keine Störungen im Verdauungstrakt. Mehrere Tage nach der Strahleneinwirkung fühlte er sich schwach und müde, er erschien schlaff, zeigte aber im übrigen keine besonderen Symptome. Am 5. Tag der Krankheit stieg die Temperatur etwas an, am Tag darauf erreichte sie 39,9 Grad. Der Patient klagte über Müdigkeit, Appetitlosigkeit und Verstopfung..., es wurde mit Penizillinbehandlung begonnen..., die Temperatur fiel langsam und war am 10. Tag wieder normal. Das Allgemeinbefinden besserte sich... und es trat kein Rückfall ein, als der Patient nach dem 10. Tag täglich eine Minute aufstand. Am 18. Tag nach der Strahleneinwirkung begann der Patient die Haare zu verlieren. Die Haare fielen weiter aus, bis man mit Leichtigkeit Hände voll herausziehen konnte. Mehrere Tage später bemerkte der Patient, daß sein Bartwuchs nachließ. Diese Veränderungen setzten sich fort, bis er an der linken Schläfe alle Haare verloren hatte und kein Bartwuchs mehr vorhanden war. Etwa einen Monat später begannen Haar und Bart langsam nachzuwachsen. Vier bis fünf Monate hindurch waren Kopfhaar und Bartwuchs schwächer als sonst. Das neue Haar unterschied sich in Farbe und Beschaffenheit nicht von dem vorhandenen. Die Augenbrauen waren nicht ausgefallen... Am 15. Tag wurde der Patient aus dem Krankenhaus entlassen. Es wurde ihm noch mehrere Wochen Ruhe verordnet. Er war schwach, leicht ermüdbar und klagte über einige Beschwerden, fühlte sich aber im übrigen

wohl... Die leichte Steigerung der körperlichen Bewegung, die der Entlassung aus dem Krankenhaus folgte, wurde schlecht vertragen. Der Patient brauchte noch 16 Stunden Bettruhe am Tag, ermüdete nach der leisesten Anstrengung. Allmählich kehrten Kraft und Gewicht zurück. Am Ende der 6. Woche nach der Bestrahlung war das Gewicht des Patienten wieder normal. Er konnte ohne Ermüdung anderthalb Kilometer spazierengehen. Ungefähr 10 Wochen nach der Strahleneinwirkung waren Kraft und Ausdauer des Patienten wieder normal, und er nahm seine Arbeit wieder auf. Seither hat er ein völlig normales Leben geführt, schwer gearbeitet und Freiluftsport getrieben. 28 Monate nach dem Unfall zeigte sich bei Untersuchung des Samens und des Hodengewebes, daß der Patient durch die Bestrahlung zeitweilig steril geworden war, ohne daß sich Libido und sekundäre Geschlechtsmerkmale verändert hätten. Etwa 5 Jahre nach dem Unfall war die Spermienzahl wieder normal, und der Patient wurde Vater eines gesunden, normalen Kindes. Eine andere Nebenwirkung des Unfalls war eine Linsentrübung. Sie begann 32 Monate nach dem Unfall im linken Auge. Sechs Monate später hatte sich ein mäßig fortgeschrittener Strahlenstar entwickelt. Nach 58 Monaten zeigte sich auch im rechten Auge eine Linsentrübung. Sonst war der Patient in ausgezeichneter Verfassung."
Die Bestrahlung des Kopfes war offenbar auch von links erfolgt, darum zuerst der Star im linken Auge. Daß der Patient dabei „sonst in ausgezeichneter Verfassung war", glauben wir nicht.

Im Bereich subletaler und letaler Dosen (hohe Dosen für den Menschen) werden folgende Wirkungen beobachtet:

1. Es tritt eine Schädigung des zentralen Nervensystems sowie des vegetativen Nervensystems ein.
2. Das Immunsystem wird stark geschädigt.
3. Alle Schleimhäute (besonders die im Speiseröhre-Magen-Darm-Trakt und in Blase und Harnleiter) sind besonders strahlenempfindlich.
4. Gewebe mit starker Zellteilung werden gehemmt, oder die Funktion kommt zeitweilig oder ganz zum Erliegen. Hierzu gehören das blutbildende Knochenmark, die Keimdrüsen und auch die Haarpapillen. Die Funktionen können später wieder einsetzen.

5. Mit Verzögerung tritt oft eine Trübung der Augenlinse auf (grauer Star).
6. Auf der Haut treten ähnliche Erscheinungen wie bei starkem Sonnenbrand auf: Erythem, danach Bläschenbildung, Hautablösung und Haarausfall. Diese Erscheinungen werden von Schmerzen begleitet, die weitaus stärker sind als bei einem gewöhnlichen Sonnenbrand.
7. Bei Bestrahlung durch Radionuklide im Körper werden je nach Nuklid bestimmte Organe bevorzugt geschädigt, in denen sich das Nuklid ansammelt (Lunge, Magen-Darm, Niere, Milz, Leber, Schilddrüse), wobei sich Jod sehr stark in der Schilddrüse konzentrieren kann.

Die Dosis, bei der nach kurzzeitiger Ganzkörperbestrahlung mit 50 % Wahrscheinlichkeit der Tod innerhalb von 30 Tagen eintritt, ist für niedere Tiere relativ hoch (Amöbe 1000 Gy, Schnecke 200 Gy), für höhere Tiere jedoch nur wenig von der für den Menschen verschieden /RAJ 54/: Hamster 9 Gy, Kaninchen 8 Gy, Ratte 6 Gy, Maus und Affe 5,5 Gy, Schwein 4,3 Gy, Hund und Meerschweinchen 4 Gy, Ziege 3,5 Gy. Für Nadelbäume liegt die letale Dosis in demselben Bereich wie für höhere Tiere (s. Abschn. 8.5). Durch noch höhere Dosen tritt der Tod früher ein.

# 8 Leben mit der Radioaktivität?

Das Fragezeichen hinter der Überschrift soll zum Nachdenken anregen. Vielleicht fragt sich der Leser zunächst, ob er mit der Radioaktivität leben möchte. Dies läßt sich aber sehr leicht beantworten: er muß, denn auf der Erde gibt es kein Leben ohne Radioaktivität.
Man kann lediglich (theoretisch) zwischen Gebieten hoher bzw. niedriger Radioaktivität wählen. Kaum jemand hat sich bisher darüber informiert, wie hoch die Radioaktivität in seiner Umgebung ist. Für viele wäre es auch schwierig, diese Informationen zu bekommen. Aber selbst wenn bekannt ist, daß man in einem Gebiet mit außerordentlich hoher Radioaktivität lebt, gibt es oft keine Möglichkeit, einfach woanders hinzuziehen.
In diesem Kapitel wird besonders die Situation in den Gebieten erörtert, wo durch die Tschernobylkatastrophe heute eine erheblich höhere Radioaktivität vorhanden ist als vorher (s. Abschn. 5.1). Innerhalb der 30-km-Zone ist das Gebiet westlich und nordwestlich vom Kraftwerksgebäude am stärksten verseucht.
Zur Durchführung der in diesem Gebiet notwendigen Entaktivierungs- und Aufräumarbeiten wurde von der sowjetischen Regierung mit Beschluß vom 2. Oktober 1986 die „PO Kombinat" (Industrie-Organisation Kombinat) gegründet. Diese Organisation hatte außerdem noch die Aufgabe, die Wachsiedlung Seljony Mys (Grünes Kap) und das Städtchen Slawytitsch (ca. 50 km nordöstlich des Kraftwerks) für das Personal zu bauen. Im Laufe der Zeit erweiterten sich die Aufgaben, die dem „PO Kombinat" gestellt wurden, und am 19. Dezember 1989 ordnete der Minister für Atomenergie und -industrie der UdSSR die Gründung der „Wissenschaft-Produktions-Vereinigung Pripjat" (NPO Pripjat) an, die bis heute noch existiert, obwohl die UdSSR inzwischen aufgelöst ist.

Diese Organisation arbeitet u.a. an den folgenden Problemen:
- Verhinderung des Austrags radioaktiver Stoffe aus der 30-km-Zone,
- Verbesserung der radiologischen und radioökologischen Situation,
- Beseitigung sekundärer Quellen radioaktiver Verunreinigung,
- Schaffung gefahrloser Arbeitsbedingungen für das Kraftwerk,
- Kontrolle des Gesundheitszustandes der „Liquidatoren" und die

Organisation prophylaktischer Maßnahmen für diesen Personenkreis,
- Genehmigung des Besuchs dieser Zone durch Interessierte,
- Kontrolle der ausgeführten Lebensmittel auf Radioaktivität.
Die Ergebnisse wissenschaftlich-technischer sowie medizinischer Untersuchungen wurden auf Konferenzen vorgetragen und liegen zum großen Teil auch in schriftlicher Form veröffentlicht vor.

## 8.1  Kontamination der Gewässer, Radioaktivität in Fischen

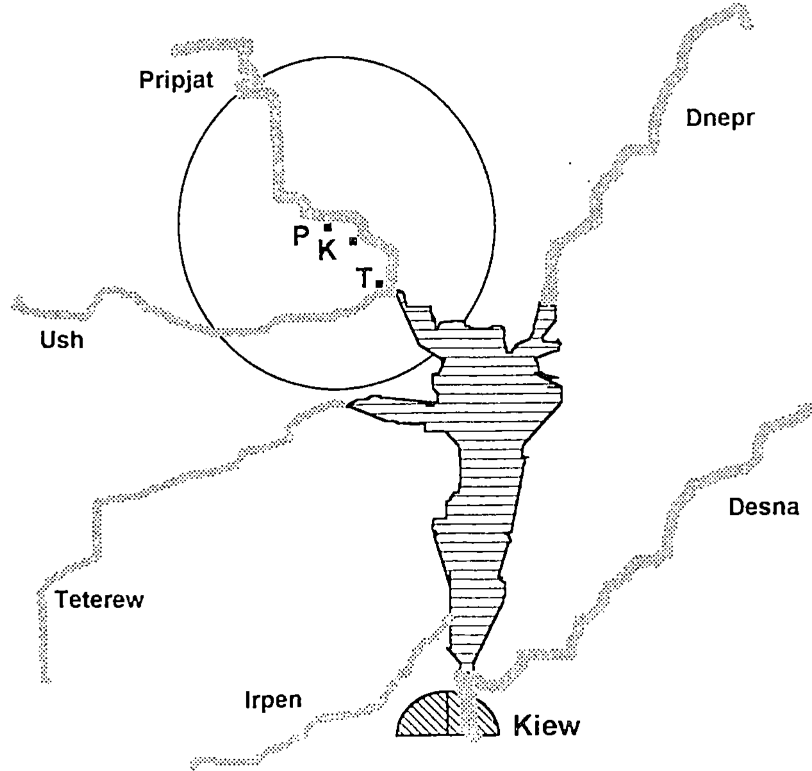


Fig. 8.1 Der Kiewer Stausee mit seinen Zuflüssen: P - Stadt Pripjat. T - Stadt Tschernobyl, K - Kernkraftwerk

Die fließenden Gewässer sind in Fig. 8.1 dargestellt. Das Kraftwerk liegt am Fluß Pripjat, der dort eine Breite von etwa 400 m hat. Sein Wasser wird zusammen mit dem der Flüsse Ush, Teterew, Irpen und vor allem des Dnepr im „Kiewer Meer" aufgestaut. Die Desna mündet zwischen der Staumauer und der Stadt Kiew in den Dnepr. Der Pripjat hat ein Einzugsgebiet von der Größe des gesamten Territoriums der fünf neuen Bundesländer und mündet bei Tschernobyl in den Stausee, fast an der gleichen Stelle wie der Ush.

Dieser große See (Fig. 8.1) hat eine Oberfläche von etwa 1000 km². Er ist von zentraler, lebenswichtiger Bedeutung auch für die Trinkwasserversorgung der ukrainischen Hauptstadt Kiew. Außerdem fließt das Wasser aus diesem Stausee weiter den Dnepr abwärts, wo es bis zur Mündung noch viermal in großen Staubecken aufgefangen wird. Auch dort wird es für die Trinkwasserversorgung großer Städte genutzt.

In der Tabelle 8.1 ist angegeben, welche Mengen radioaktiven Cäsiums und Strontiums im April und Mai 1987 durch das Frühjahrshochwasser im ersten Jahr nach der Katastrophe von den Flüssen in den Stausee transportiert wurden.

Tab. 8.1    Radioaktivitätseintrag (in GBq) in den Kiewer Stausee durch das Frühjahrshochwasser 1987

| Fluß | Sr/Cs | Cs-137 | Sr-90 | Meßort |
|---|---|---|---|---|
| Pripjat | 0,932 | 6549 | 6105 | Tschernobyl |
| Dnepr | 0,928 | 4625 | 4292 | Teremtzy |
| Desna | 0,575 | 1480 | 851 | Mündung |
| Ush | 1,500 | 370 | 555 | Tscherewatsch |
| Teterew | 0,500 | 666 | 333 | Laputki |
| Irpen | 0,587 | 126 | 74 | Kasarowitschi |
| Summe | | 12321 | 12247 | ohne Desna |

Aus der Tabelle 8.1 ist abzulesen, daß der Anteil radioaktiven Strontiums im Verhältnis zum Cäsium-137 (Spalte 1) in den Flüssen am größten war, die dem Kraftwerk am nächsten liegen (Ush, Pripjat, Dnepr). Die Flüsse mit einem Wassereinzugsgebiet südlich und östlich von Tschernobyl transportierten deutlich mehr Cäsium als Strontium. Die Ursache dafür wurde in Abschn. 5.1 beschrieben.

Über 50 % der Gesamtradioaktivität werden durch den Pripjat in den Stausee eingetragen. Der Dnepr bringt mehr als ein Drittel.

*Die Fische im Kraftwerksteich*

Aus älteren amerikanischen Untersuchungen ist bekannt, daß Radioaktivität, insbesondere in aquatischen Ökosystemen, in der Nahrungskette akkumuliert werden kann /HAR 85/. Ein Beispiel dafür liefert der Kühlwasserteich des Kraftwerks (Fig. 8.2), vermutlich das am stärksten radioaktive Gewässer. In ihm untersuchte S.W. Kasakow aus dem „NPO Pripjat" die stufenweise Anreicherung des radioaktiven Cäsiums, zunächst in den Wasserpflanzen, dann in den pflanzenfressenden Tieren und schließlich in den fleischfressenden Tieren /TSC 94/. Aus dieser Arbeit seien hier wesentliche Ergebnisse mitgeteilt:
Der Teich hat eine Oberfläche von etwa 23 km$^2$ und einen Rauminhalt von fast 150 000 000 m$^3$ Wasser. Seine Form ist langgestreckt und nahezu oval. Im mittleren Teil beträgt die Breite etwa 2 km, die Gesamtlänge liegt bei ca. 11 km und die Tiefe bei 4 bis 7 m. Der Teich ist längs durch einen Damm so geteilt, daß das Wasser etwa 18 km weit fließen muß, um vom Ablaufkanal (warmes Wasser) zu der Kühlwasserentnahmestelle zu gelangen.

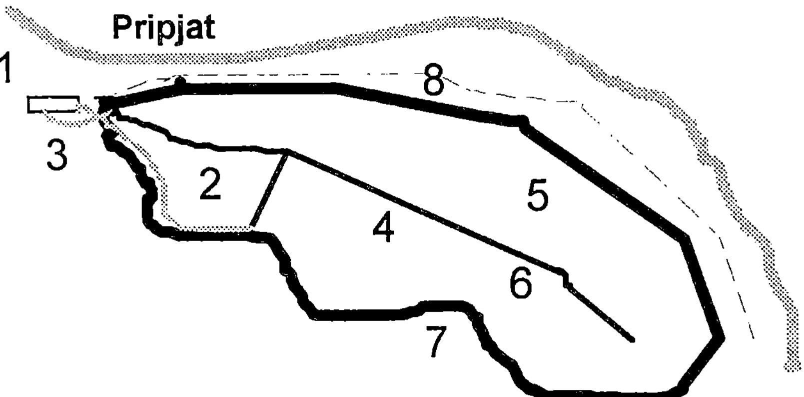


Fig. 8.2 Schematische Darstellung des Kühlwasserteiches: 1 - Hauptgebäude des KKW, 2 - Bauplatz der KKW-Blöcke 5 und 6, 3 - Kühlwasserkanäle, 4 - südlicher (warmer) und 5 - nördlicher (kalter) Teil des Kühlwasserteiches, 6 - Damm zwischen beiden Teilen, 7 - Deich, 8 - Dränagegraben

Der Kühlteich liegt auf den Uferterrassen des in diesem Bereich einge-
dämmten Pripjat mit einem Wasserspiegel von 6 bis 7 m über dem des
Flusses. Er ist zum größten Teil von einem Deich der Länge 25 km,
der Breite 70 bis 100 m und einer Höhe von fast 6 m umgeben. Durch
diesen Damm fließt unterirdisch Wasser ab, das von einem Dränage-
system vor dem Damm (in Richtung Fluß) aufgenommen wird. Die
Menge des jährlich abfließenden Wassers ist fast so groß wie der
gesamte Wasserinhalt des Teiches.
Dazu kommt ein jährlicher Wasserverlust von etwa 45 000 000 m$^3$
durch Verdunstung, der wesentlich dadurch bedingt ist, daß das
Wasser deutlich wärmer ist als die Umgebung. Im Sommer liegt die
Temperatur in der wärmeren süd-südwestlichen Hälfte etwa um 10 bis
12 °C, im Winter um 5 bis 7 °C über der Temperatur in anderen
Gewässern der Umgebung. Die Verluste werden durch Wasser ausge-
glichen, das aus dem Pripjat heraufgepumpt wird. Der gesamte Kühl-
wasserverbrauch pro Jahr beträgt etwa das Zehnfache des Rauminhalts
des Kühlteiches. Das Wasser im Kraftwerksteich ist schwach alkalisch
(pH-Wert zwischen 7,4 und 8,5).

Vor dem Betriebsbeginn des Kernkraftwerkes hatte das Wasser eine
Radioaktivität von 6,1 pCi (0,2 Bq) je Liter (hauptsächlich durch
Cäsium und Strontium bedingt). Mit dem Kühlwasser wurde dann von
1977 bis 1982 dem Teich jährlich eine Aktivität von 547 Ci zugeführt
(Strontium-90, Cäsium-137, Kobalt-60, Chrom-51 u.a.). Durch die
Havarie des Blocks 4 kam durch Fallout aus der Luft soviel Radioakti-
vität hinzu, daß die Aktivität des Wassers Mitte Mai 1986 Maximal-
werte der Größenordnung $10^{-5}$ Ci/l (370 000 Bq/l) erreichte.

Der Hauptanteil der Radioaktivität war durch kurzlebige radioaktive
Isotope gegeben, hauptsächlich durch Jod-131, Zirkonium-95 und Cer-
144. Schon Mitte Juni war die Radioaktivität des Kühlwassersees auf
etwa $10^{-9}$ bis $10^{-10}$ Ci/l (40 bis 4 Bq/l) gefallen. Im Jahre 1987 tauchten
unter den Radioisotopen ab und zu noch Cer-144, Zirkonium-95,
Niob-95 und Ruthenium-106 nach der Schneeschmelze und nach
heftigen Regenfällen auf. Die mittlere monatliche Aktivität lag damals
zwischen 40 und 300 Bq/l.

Die Radioaktivität sank dann weiter und erreichte 1991 minimale Werte. Im Abwasserkanal wurden zwischen 0,02 und 0,31 nCi/l gemessen. Im Jahre 1993 waren die gemessenen Werte ein wenig höher: 0,24 bis 0,36 nCi/l, wahrscheinlich bedingt durch ein Aufwühlen des Untergrundes infolge stürmischer Winde.

Die räumliche Verteilung der Radioaktivität in den Ablagerungen auf dem Untergrund ist sehr inhomogen. Die Belastung reicht von 35 bis 955 Ci/km$^2$ (bei Strontium-90 von 0,4 bis 656 Ci/km$^2$, bei Cäsium-137 von 10 bis 768 Ci/km$^2$). Die Gesamtaktivität des Bodensatzes im Teich wird auf etwa 15 kCi geschätzt, davon 9 kCi in der 5-km-Zone, gerechnet von der Zuflußstelle des Kühlwasserablaufkanals, die ca. 2 km vom havarierten Reaktor entfernt liegt. Die Aktivität der Sedimente nimmt von dieser Stelle bis zum südöstlichen Ende des Teiches ab, weiter in Fließrichtung zum Wasserentnahmekanal hin jedoch wieder zu. Es wurden folgende maximale Aktivitäten in den Sedimenten gemessen: 7100 nCi/kg für Cäsium-137, 6020 nCi/kg für Strontium-90 und 1900 nCi/kg für Cer-144. Die Dosisleistung beträgt im Bodensatz 1 bis 40 mrad/h. Die Radioaktivität im Teichsediment kann in den folgenden Jahren durch Auswaschung der umgebenden Bodenflächen (wo die Radioaktivität etwa 1100 nCi/kg erreicht) durch Regen noch etwas steigen.

Die Wasserpflanzen nehmen etwa 80 bis 90 % ihrer Radioaktivität aus dem Wasser direkt durch Blätter und Stengel auf und nur den restlichen Anteil durch die Wurzeln aus dem Grund des Teiches. Deshalb sind auch die Wasserpflanzen, deren Blätter vollständig im Wasser leben (wie z. B. rauhes Hornblatt, *Ceratophyllum demersum* L.), deutlich stärker radioaktiv als Pflanzen in der Uferzone, die ihre Wurzeln im Untergrund unter Wasser haben, deren Blätter sich aber überwiegend über dem Wasser befinden, wie Rohrkolben und Schilf (*Typha latifolia* und *Typha angustifolia* L., *Molina cerulea* L.). Noch höhere Radioaktivität enthalten langfädige Algen.

In den unter der Wasseroberfläche lebenden Pflanzen wird radioaktives Cäsium gegenüber der Umgebung angereichert. Im Jahre 1988 lag die Radioaktivität der Wasserpflanzen zwischen 500 und 15000 nCi/kg (etwa 20 000 bis 550 000Bq/kg), sank dann bis 1990 auf 27 bis 390 nCi/kg und 1991 auf 29 bis 200 nCi/kg im Sommer bzw. auf 5,6 bis 74 nCi/kg im Herbst.

Die nächste Stufe in der Nahrungskette sind die wirbellosen Tiere und die pflanzenfressenden Fische. In den am Boden lebenden Muscheln wurden im Fleisch in den Jahren 1987 bis 1989 maximale Aktivitäten bis zu 331 nCi/kg, 1990 bis zu 250 und 1991 bis zu 110 nCi/kg gemessen. Die Schalen enthielten etwa 2,5 bis 2,7 mal weniger radioaktives Cäsium als die Weichteile.

Bei den Fischen wurden fünf verschiedene Arten untersucht, die zu unterschiedlichen Stufen der Nahrungskette gehören: weißer und gescheckter Dickschädel (*Hypophtalmichthys molitryx* Val., *Aristichthis nobilis* Rich.), die aus China kommend in der Ukraine angesiedelt wurden und den Stufen 2 bzw. 2 bis 3 zugeordnet werden. Karpfen, Wels, Zander und Hecht, die höher in der Nahrungskette stehen, sind noch wesentlich radioaktiver. Ab 1989 nahm die Cäsium-Radioaktivität in den Fischen zunächst stark, dann schwächer ab. Tabelle 8.1 gibt einen Überblick über die 1993 in verschiedenen Organen und Geweben (Fleisch, Knochen, Magen-Darm-Trakt, Leber, Gonaden) dieser Fische gemessenen Radioaktivitäten.

Tabelle 8.2   Radioaktivität in Fischen in kBq/kg

| Fischart | Fleisch | Knochen | Magen/Darm | Leber | Gonaden |
|---|---|---|---|---|---|
| W.Dickstirn | 6808 | 2146 | 2420 | 1110 | 3256 |
| B.Dickstirn | 7992 | 2220 | 2516 | 1887 | 3441 |
| Karpfen | 7474 | 7918 | 3922 | 1887 | 2923 |
| Kanalwels | 8029 | 3330 | 3700 | 3219 | 4218 |
| Europ.Wels | 23791 | 6401 | 10360 | 9139 | 12950 |
| Zander | 22718 | 13246 | 19351 | 25308 | 18981 |
| Hecht | 40330 | 22200 | 19980 | 18130 | 19795 |

Aus der Tabelle ist zu ersehen, daß man die untersuchten Fische grob in zwei Gruppen einteilen kann: zur ersten gehören der weiße und der gescheckte Dickstirn, der Karpfen und der Kanalwels. Sie ernähren sich vollständig oder überwiegend von Pflanzen und haben in allen Organen eine relativ niedrige Radioaktivität. Eine gewisse Ausnahme bildet der Karpfen, in dessen Knochen die Radioaktivität dreimal so hoch ist wie im Durchschnitt der übrigen drei Fischarten. Bei der zweiten Gruppe, die den Europäischen Wels, den Zander und den Hecht umfaßt, ist die durchschnittliche Radioaktivität in allen Organen drei- bis sechsmal größer als bei der ersten. Wenn man die einzelnen Organe betrachtet, so ergeben sich im Durchschnitt folgende Werte:

Tabelle 8.3  Radioaktivität (in Bq/kg) in Fischorganen (Mittelwerte)

| Gruppe | Fleisch | Gonaden | Knochen | Magen/Darm | Leber |
|---|---|---|---|---|---|
| 1 | 7585 | 3478 | 2553* | 3145 | 2035 |
| 2 | 28934 | 17242 | 13949 | 16539 | 17538 |

* In der Gruppe 1 bezieht sich die Angabe unter Knochen nur auf die Dickstirne und den Kanalwels

In Deutschland ist die Cäsium-Radioaktivität in den Seen und in den Fischen natürlich viel geringer. Bei intensiven Untersuchungen in einer Bayrischen Seenkette /HAR 94/ war die Aktivität im Eishaussee am größten (etwa 0,1 Bq/l). Im Müggelsee in Berlin betrug sie 1989 maximal 0,018 Bq/l und im Schweriner See 0,142 Bq/l /BS1 92/. Das ist etwa um das Hundert- bis Tausendfache weniger als im Kühlwasserteich des Kraftwerkes am Pripjat. Entsprechend geringer ist die Radioaktivität in Fischen, wie der Tabelle 8.4 entnommen werden kann.

Tabelle 8.4  Mittlere Radioaktivität (in Bq/kg) in Fischen auf dem Gebiet der ehemaligen DDR (1987/88)

| See/Jahr | Blei | Plötze | Aal | Hecht | Barsch |
|---|---|---|---|---|---|
| Müggelsee | | | | | |
| 87 | 34 | 56 | 61 | 160 | 220 |
| 88 | 22 | 36 | 39 | 160 | 170 |
| Schweriner See | | | | | |
| 87 | 120 | 320 | 180 | 940 | 1280 |
| 88 | 200 | 180 | 13 | - | 340 |

Auch aus dieser Tabelle kann entnommen werden, daß die in der Nahrungskette auf höherer Stufe stehenden Fische auch stärker radioaktiv sind.

## 8.2 Nahrungskette Boden - Pflanze - Tier - Mensch

Die für aquatische Ökosysteme im vorigen Abschnitt an Beispielen kurz dargestellte Akkumulation des radioaktiven Cäsiums innerhalb der

Nahrungskette kann auch auf dem Lande beobachtet werden. Was mit den radioaktiven Isotopen im Boden passiert, ist von vielen Faktoren abhängig, besonders stark von den chemischen Eigenschaften der betreffenden Isotope sowie von den physikalischen und chemischen Eigenschaften des Bodens.

Ein leicht lösliches chemisches Element kann relativ schnell ausgewaschen werden und steht dann den Pflanzen nicht mehr zur Verfügung. Die Übergangskoeffizienten aus der Erde in die Pflanzenwurzeln werden durch die mehr oder weniger feste chemische oder chemisch-physikalische Bindung der Isotope im Boden beeinflußt. Sind gewisse Nährelemente im Erdreich nicht ausreichend vorhanden, so werden chemisch ähnliche Elemente von der Pflanze stärker aufgenommen (Beispiele: Kalium - Cäsium, Kalzium - Strontium). Auf bestimmten Böden kann beispielsweise die Aufnahme radioaktiven Cäsiums durch eine Kalidüngung verringert werden und die von Strontium durch Kalkung.

Beim Übergang von der Pflanze zum Tier läßt sich - ähnlich wie bei dem vom Boden zur Pflanze - die Aufnahme radioaktiver Isotope durch Zufütterung geeigneter Präparate beeinflussen. Bekannt ist beispielsweise, daß radioaktives Jod vom menschlichen oder tierischen Körper sehr viel schwächer aufgenommen wird, wenn vorher die Jodversorgung gut war. Dann wird nur wenig radioaktives Jod in der Schilddrüse konzentriert und der Rest schnell wieder ausgeschieden.

Eine wesentliche Rolle für die Gesundheitsgefährdungen spielt die Ernährungslage. Die Versorgung mit Spurenelementen kann eine wesentliche Rolle für das Auftreten bzw. die Abwehr von strahlenbedingten Krankheiten spielen. Neben Jod ist hier Selen von Bedeutung. Nach Ergebnissen im Institut für Biophysik in Moskau vermindert ausreichende Selenversorgung das Krebsrisiko nach Einwirkung kleiner Dosen ionisierender Strahlungen.

Erfolgte nach der Katastrophe die Ernährung in den offiziell bekannten verseuchten Gebieten mit Lebensmitteln, die weitgehend aus anderen Gebieten oder aus Lagerbeständen herbeigeschafft wurden - oft hauptsächlich Konserven -, so war von Anfang an eine deutliche Unterversorgung, insbesondere mit Obst, frischem Gemüse und Milch vorhan-

den. Diese führte und führt zu schlechter Versorgung mit Vitaminen und anderen wichtigen Stoffen, die nur in geringer Konzentration in der Nahrung vorhanden sind, aber wichtige Funktionen im menschlichen Körper erfüllen. Dazu gehört auch die Abwehr verschiedener Krankheiten. Erkältungskrankheiten können beispielsweise bei schlechter Versorgung mit Vitamin C vom Körper nicht so gut abgewehrt werden wie bei guter.
Die Menschen in den stark belasteten Gebieten befinden sich nun in dem Dilemma, sich entweder so zu versorgen, daß kaum Vitamine in der Nahrung sind, dann gelangt auch weniger radioaktives Cäsium in den Körper, oder sie müssen - bei vitaminreicherer Kost - eine höhere Radioaktivität in Kauf nehmen.
Um seine Produkte auf dem Markt verkaufen zu dürfen, reicht es in der Regel, wenn der Verkäufer einen kleinen Teil seiner Ware (den er selbst aussucht) der Strahlenkontrolle vorweist. Dann bekommt er von der Meßstelle das Zertifikat, das er seinen Kunden auf Anfrage stolz zeigt.

Berichtet wird, daß viele der Bewohner des kleinen Städtchens Tschernobyl (die fast alle ausgesiedelt worden waren) wieder in ihre Häuser zurückgekehrt sind. In dieser alten russischen Stadt lebt der größte Teil der Einwohner in kleinen Einfamilienhäusern mit Hof und Garten. Das Haus ist oft in der traditionellen Holzbauweise errichtet. Auf dem Hof werden Hühner, Kaninchen und andere Haustiere gehalten. Obst und Gemüse gedeihen dort prächtig. Die Gartenerträge werden nicht nur zur eigenen Ernährung und für die Haustiere verwendet oder mit den Nachbarn getauscht, sondern lassen sich überall im Land auf den Märkten verkaufen.

Obst und Gemüse waren besonders dem radioaktiven Fallout ausgeliefert. So bildete sich im Mai 1986 auf dem frischen Blattgemüse ein radioaktiver Niederschlag, der in starkem Maße Cäsium enthielt. Das Cäsium hat auf Grund seiner chemischen Eigenschaften die Fähigkeit, in das Blatt einzudringen, bevorzugt, wenn es feucht ist. Dann kann die Radioaktivität auch durch gründliches Waschen nicht mehr entfernt werden.
Ähnliches gilt für Gemüsepflanzen, beispielsweise alle Kohlsorten, Kohlrabi, Radies, Gurken, Tomaten, und bei Obst. Darüber hinaus

nehmen einige Obst- und Gemüsearten bestimmte radioaktive Isotope auch stark über die Wurzeln auf.

## 8.3 Pflanzen und Früchte aus dem Wald, Pilze und Wild

Besonders auf Flächen, die nicht gepflügt werden und deren oberste Schicht auch anderweitig kaum beeinflußt bzw. bewegt wird, halten sich die niedergegangenen Radioisotope lange an der Oberfläche der Bodenschicht. Sie stehen den Pflanzen damit immer wieder zur Verfügung und werden von ihnen stark aufgenommen. Extrem ist ein solcher Kreislauf im Wald zu beobachten, wo auch die abgestorbenen Pflanzenteile (Blätter und Nadeln) am Ort verbleiben, durch Mikroben zersetzt und den Pflanzenwurzeln wieder zugeführt werden. Bei nicht kultivierten Böden (Ödland, Wald) ist in der Regel auch die Kaliumversorgung schwach. Dann wird Cäsium von den Pflanzen als Kaliumersatz verstärkt aufgenommen.
Bestimmte Pilzarten nehmen darüber hinaus das radioaktive Cäsium verstärkt auf. Es handelt sich dabei besonders um Pilze, die in Symbiose mit den Pflanzenwurzeln leben, nicht so sehr um Pilze, die auf toten oder absterbenden Baumstümpfen wachsen, wie der Hallimasch. In stark kontaminierten Gebieten werden daher sehr hohe Aktivitätswerte für Pilze gemessen. So sind uns aus dem vergangenen Jahr aus Rußland Cäsium-Aktivitäten bis zu einigen 10 000 Bq/kg bekanntgeworden.
Auch in Deutschland und im übrigen Mitteleuropa sind Pilze, Waldfrüchte und das Fleisch wildlebender Tiere relativ stärker radioaktiv als die Nahrungsmittel aus Feld- und Gartenbau oder das Fleisch der Haustiere. Zwischen 1987 und 1993 wurden an drei Standorten in Oberbayern an Pilzen die Cäsium-137-Radioaktivitäten gemessen (Tab. 8.5). Die aufgeführten Werte stellen Mittelwerte dar, die Werte in Klammern sind die jeweiligen Maximalwerte. Eine merkliche Abnahme der Radioaktivität von Jahr zu Jahr wurde nicht festgestellt.

In Blaubeeren und Preiselbeeren werden Aktivitäten zwischen 50 und 300 Bq/kg gefunden.
Wildtiere, die ihr Futter zum größten Teil im Wald und auf anderen nicht bewirtschafteten Flächen suchen, nehmen besonders viel Radio-

aktivität auf, wovon ein erheblicher Teil im Körper verbleibt. Bei Wild
in einzelnen Gebieten sogar über 1000 Bq/kg. In Finnland wird seit
1960 wegen des *Atombomben-Fallouts* die Radioaktivität im
Rentierfleisch gemessen. Sie erreichte 1964 einen Maximalwert von
2600 Bq/kg. Im Sommer 1986 lag sie zwischen 100 und 400 Bq/kg
/KRÖ 89/.

Obwohl einige dieser Werte über dem EG-Einfuhrgrenzwert für
Lebensmittel (600 Bq/kg) liegen, wird die dadurch entstehende
Strahlenbelastung als gering eingeschätzt /BFS 93/, da Pilze und
Wildfleisch normalerweise nur in geringen Mengen verzehrt werden.

Tabelle 8.5 Radioaktivität in verschiedenen Pilzen in Oberbayern nach
/BFS 93/

| Pilzart | Mittelwert | Minimum | Maximum |
|---|---|---|---|
| Semmelstoppelpilz | 3400 | 2420 | 15000 |
| Maronenröhrling | 2000 | 1320 | 4365 |
| Butterpilz | 1200 | 515 | 1200 |
| Frauentäubling | 440 | 245 | 1390 |
| Pfifferling | 440 | 175 | 840 |
| Steinpilz | 220 | 115 | 395 |
| Parasolpilz | 60 | 29 | 130 |
| Waldchampignon | 8 | 2 | 20 |

## 8.4 Wald und Holznutzung

Westlich und südwestlich vom Kraftwerk reichten im Jahre 1986 die
Wälder bis dicht an das Werksgelände heran. Sie wurden durch das bei
der Explosion herausgeschleuderte radioaktive Material so stark bestrahlt und verseucht, daß ein großer Teil der dort wachsenden Kiefern
innerhalb weniger Monate abstarb. Es bildete sich der „Fuchswald" aus
abgestorbenen Kiefern, wobei die Nadeln noch längere Zeit nicht abgeworfen wurden. Nadelbäume sind in der Regel wesentlich strahlenempfindlicher als Laubbäume. Beispiele dafür enthält die Tabelle 8.6.

Die nach der Katastrophe herrschende Trockenheit, z.T. dadurch
bedingt, daß man die Wolken künstlich abregnen ließ, bevor sie die 30-
km-Zone erreichten, hat sicher zum Absterben beigetragen.

Tabelle 8.6 Wachstumshemmende (WHD) und letale (LD) Dosis (in Gy/kg) für einige Baumarten

| Baumart | WHD | LD | WHD/LD |
|---|---|---|---|
| Tannen | | | |
| Abies balsamea | 270 | 700 | 2,59 |
| Abies lasiocarpa | 270 | 700 | 2,59 |
| Abies concolor | 380 | 1010 | 2,66 |
| Abies grandis | 270 | 710 | 2,63 |
| Fichten | | | |
| Picea glauca | 220 | 590 | 2,68 |
| Picea engelmanni | 330 | 880 | 2,67 |
| Kiefern | | | |
| Pinus ponderosa | 240 | 640 | 2,67 |
| Pinus jeffreyi | 190 | 490 | 2,58 |
| Pinus lambertiana | 150 | 410 | 2,73 |
| Pinus resinosa | 210 | 540 | 2,57 |
| Pinus strobus | 190 | 500 | 2,63 |
| Pinus rigida | 190 | 490 | 2,58 |
| Pinus taeda | 170 | 450 | 2,65 |
| Schierlingstanne | | | |
| Tsuga heterophylla | 377 | 990 | 2,63 |
| Tsuga canadiensis | 420 | 1100 | 2,62 |
| Eiche | | | |
| Quercus alba | 1350 | 3550 | 2,63 |
| Quercus rubra | 1620 | 4250 | 2,62 |
| Quercus stellata | 2040 | 5350 | 2,62 |
| Quercus velutina | 2830 | 7430 | 2,63 |
| Quercus prinus | 1470 | 3870 | 2,63 |
| Quercus coccinea | 2490 | 6530 | 2,62 |
| Linde | | | |
| Tilia americana | 3520 | 9230 | 2,62 |
| Buche | | | |
| Fagus grandifolia | 3810 | 10000 | 2,62 |
| Birke | | | |
| Betula lutea | 3860 | 10120 | 2,62 |

Die am stärksten geschädigten Waldstücke, insbesondere das südwestlich vom Kraftwerk gelegene, wurden schon 1986 abgeholzt und zusammen mit der obersten Bodenschicht „begraben". Später nahmen die Nadeln noch bei weiteren Kiefern die fuchsrote Farbe an.

Die Feuerwache in Tschernobyl hat eine besondere Verantwortung, alle entstehenden Brände, besonders die in Wäldern und auf Feldern, schnell zu bekämpfen. Sie wurde in den letzten Jahren erweitert und mit modernen technischen Mitteln ausgestattet. Durch größere Brände in der offenen Landschaft würde radioaktiver Rauch und Staub entstehen, so daß sich die festliegende Radioaktivität ausbreiten könnte.

Da früher die Menschen dieser Gegend das Holz des Waldes in vielfältiger Weise nutzten und dies für sie eine wichtige Lebensgrundlage war, ist die Versuchung groß, dringend benötigtes Bauholz aus den heimischen Wäldern zu holen, wo es reichlich vorhanden ist, oder auch eine Wagenladung Bauholz irgendwohin gewinnbringend zu verkaufen.

Das traditionelle Haus im Umkreis von mindestens 100 km besteht in der Regel nicht aus Betonblöcken und auch nicht aus Ziegelsteinen. Es ist, zumindest zum übergroßen Teil, aus Holz. Und diese Bauweise findet in den letzten Jahren sogar wieder zunehmend stärkere Anwendung. Einfamilienhaus und Hausgarten sind gewöhnlich von einem hohen Bretterzaun umgeben. Die Nebengebäude - vom Stall über das Dampfbad bis hin zu Hundehütte und Kaninchenbuchten - alles ist zum größten Teil aus Holz. Dies gilt natürlich auch für Gartengeräte, Reisigbesen, Kinder- und Pferdeschlitten sowie Pferdewagen.

Auch das Brennholz wird bis zum heutigen Tage aus den umliegenden Wäldern geholt. Desgleichen das Material zur Herstellung von allerlei Gerätschaften für den Haushalt, beispielsweise Fässer, Tröge, Kellen, Quirle oder Rührlöffel. Auf dem Lande und am Rand der Städte sind viele Normalbürger noch ihre eigenen Stellmacher, Zimmerleute, Böttcher, Drechsler, Tischler, Besenbinder und Korbmacher.

# 9  Wann wird das Kernkraftwerk am Pripjat geschlossen?

In der Summe bleiben den betroffenen Ländern, vor allem der Ukraine, sehr große Probleme, deren Schwere vorläufig nicht abzunehmen scheint. Eine zentrale Frage ist, wie mit den Reaktoren 1 bis 3 des Kernkraftwerkes am Pripjat verfahren werden soll. Grundsätzlich müßten sie schnellstmöglich abgeschaltet und umweltverträglich beseitigt werden. Immer wieder bringt die Tagespresse Sensationsmeldungen mit dem Inhalt, daß man sich nunmehr geeinigt habe. Die „New York Times" meldete dies beispielsweise am 28. Mai 1995: „Agreement is reached on replacing Chernobyl". Wann die verbliebenen drei Reaktoren stillgelegt werden, kann heute jedoch niemand eindeutig sagen. Mit der Stillegung ist es aber nicht getan. Die Ukraine nimmt in der neuesten Statistik nach dem Anteil der Kernkraftwerke an der Gesamtstromerzeugung den 13. Platz in der Welt ein. Sie liegt damit hinter der Schweiz (9. Platz), vor Deutschland (16. Platz) und deutlich vor Japan, Großbritannien, den USA, Kanada und Rußland. Der Anteil des „Atomstroms" beträgt 32,9 % und damit fast ein Drittel, wovon allein die Reaktoren am Pripjat etwa 30 bis 40 % erzeugen. Bevor die Reaktoren bei Tschernobyl stillgelegt werden, müßte daher mindestens die gleiche Leistung neu installiert worden sein. Außerdem sind die anderen großen Kernreaktoren der Ukraine kaum weniger problematisch. Zwei der großen WWER-1000-Reaktoren müssen dringend erneuert werden.

Wie die Reste des havarierten Reaktors 4 beseitigt werden können, wird vorläufig nur auf wissenschaftlich-technischen Konferenzen theoretisch erörtert. Dem Leser dieses Buches ist sicherlich klar geworden, daß der „Sarkophag" über der Unglücksstelle das Problem nicht auf Dauer löst. Der hier Beerdigte oder Einbetonierte ist keineswegs hinreichend tot. Dabei ist dieser Betonsarg ein Riese, bestehend aus 6000 t Stahl und 300 000 t Beton! Er drückt mit seinem gewaltigen Gewicht auf die relativ schwachen Reste des Kraftwerksgebäudes. Angesichts dessen, daß nur der vordere Teil der Terrassenmauer vor dem Gebäude direkt auf der Erde steht, der Rest sich aber auf die nach der Explosion verbliebene Ruine des Block-4-Gebäudes stützt, kann man - um im Bilde zu bleiben - von einem einbeinigen Sargriesen sprechen, der einen wenig stabilen Eindruck macht. Selbst dieses eine Bein ist wacklig, denn der Beton wurde teilweise auf die locker übereinanderliegenden radioaktiven Trümmer gegossen.

## 9.1 Was geschieht unter der Abdeckung des Reaktors 4?

Was befindet sich unter der Betonumhüllung, unter dem durch Stahlrohre getragenen Dach? Diese Frage ist genauer zu beantworten, bevor Maßnahmen eingeleitet werden, die den ausgebrannten Reaktor auf Dauer ungefährlich machen sollen.

Zunächst sei auf die Größe des „Sarkophags" hingewiesen. Wenn man die Fotos sieht (z.B. Fig. 4.3) und den Hauptzweck dieses Bauwerks bedenkt, stellt sich ganz grob die Vorstellung ein, daß hier ein einziger Raum (nämlich der Raum, in dem der Reaktor stand) umbaut ist. Der Verhüllungsbau hat aber die Höhe eines 20stöckigen Gebäudes! Die Grundfläche ist um ein Vielfaches größer als bei solchen Häusern üblich. Im Inneren der Ruine befinden sich fast 1000 Räume; viele davon sind mehr oder weniger zerstört. Schutt und Gebäudetrümmer liegen herum. Maschinen und Geräte, die seit dem Ausbruch der Havarie niemand mehr benutzt hat, befinden sich in einer Art Dornröschenschlaf, den kein Prinz zu stören wagt. Verschiedenartige Materialien, darunter hochradioaktive, lagern an mehreren Stellen. Alles ist mit stark radioaktivem Staub bedeckt. In den Ruinen liegen kleine, mittlere und große hochradioaktive Stücke, darunter Teile direkt aus dem Reaktor, wie Graphitziegel, Kühlrohre, Brennstoffstabteile und ganze Bündel von Brennstoffstäben. Von den Aufräumkommandos wurden die auf dem Dach des Zwischengebäudes mit dem weithin sichtbaren Lüftungsrohr liegenden Teile in die Ruinen des Gebäudekomplexes zurückgeworfen.

In Höhe des Reaktoroberteils befand sich der „Maschinensaal" - auch zentraler Saal genannt -, der nun voller Trümmer ist. Unter dem Reaktor befinden sich in vier Etagen noch viele kleine und mittlere Räume, die natürlich bei der Beantwortung der folgenden Fragen eine wesentliche Rolle spielen: Wo befinden sich die etwa 190 t Kernbrennstoff und das hochradioaktive Reaktormaterial? Wie sind sie verteilt? Gibt es irgendwo, beispielsweise im Reaktorkern, gefährliche Konzentrationen von Kernbrennstoff, so daß dort unter bestimmten Umständen wieder eine Kettenreaktion in Gang kommen könnte? Sind Prozesse vorstellbar, bei denen eine Konzentration von Kernbrennstoff erfolgt, so daß ein neuer unkontrollierter Kernreaktor entsteht?

Um Antworten auf diese Fragen zu finden, führen Wissenschaftler und Techniker Untersuchungen in den eingeschlossenen Räumen durch. Sie haben bereits eine Bilanz für den Kernbrennstoff aufgestellt (Tab. 9.1), die allerdings mit großen Ungenauigkeiten behaftet ist, da die Brennstoffvorräte in den zubetonierten Trümmern nur anhand von Fotografien abgeschätzt werden können, die unmittelbar nach der Explosion entstanden sind.

Tabelle 9.1  Die Verteilung des Kernbrennstoffs in den Ruinen des Gebäudes des Reaktors 4

| Etage | Höhe (m) | Brennstoffmasse (t) | (%) |
|---|---|---|---|
| obere Lagen | $\geq 35{,}5$ | $37{,}7 \pm 5$ | 19,8 |
| 3. Etage | $\geq 9$ | $95{,}7 \pm 26$ | 50,3 |
| 2. Etage | $\geq 6$ | $27 \pm 8$ | 14,2 |
| 1. Etage | $\geq 3$ | $11 \pm 3$ | 5,8 |
| Parterre | $\geq 0$ | $1{,}5 \pm 0{,}5$ | 0,8 |
| Summe im Reaktorbau | | $172{,}9 \pm 30$ | 90,9 |
| Im Kern zur Explosionszeit | | 190,3 | 100 |
| Brennstoffaustrag | | $7{,}6 \pm 0{,}5$ | 4 |
| Verbleib unbekannt | | ca. 9,8 | ca. 6 |

Eine interessante Entdeckung, die schon im Herbst 1986 in einem unteren Reaktornebenraum gemacht wurde, war die Tschernobyler Lava, eine aus der Schmelze erstarrte glasähnliche schwarze oder schwarzbraune Substanz, die in hoher Konzentration Uran enthält. Der erste Lavatropfen, der aus einem Raum unter dem Reaktor in den benachbarten Raum 307/2 gelangte und dort erstarrte, wurde als „Elephantenfuß" bezeichnet. In der Nähe dieser Lava ist die Intensität der Strahlung so hoch, daß der sich dort ungeschützt aufhaltende Mensch in wenigen Minuten die tödliche Strahlendosis aufnimmt.

Zum Zeitpunkt der Havarie befanden sich außer den 190 t Uranbrennstoff im Reaktor hauptsächlich die folgenden langlebigen radioaktiven Isotope: Cs-137 (7 MCi), Sr-90 (7 MCi), die Plutoniumisotope mit den Massenzahlen 238, 239, 240 und 241 (insgesamt 5 MCi, wobei Pu-239 wegen seiner großen Halbwertszeit von 24100 Jahren zwar nur etwa 0,5% der Aktivität, aber den Hauptteil der Plutoniummasse darstellte) und Americium-241 (0,045 MCi).
Etwa 90% der Plutoniumaktivität stammten kurz nach der Katastrophe vom relativ kurzlebigen Plutonium 241 (Halbwertszeit 14,7 Jahre). Davon wird innerhalb von 15 Jahren also etwa die Hälfte zerfallen sein, d.h., die Plutoniumaktivität ist dann auf rund 50 % abgesunken. Da aus dem Plutonium-241 das langlebigere Americium-241(Halbwertszeit etwa 433 Jahre) entsteht, verringert sich durch den Zerfall des Plutoniums-241 die Gesamtmenge radioaktiver Isotope aber kaum.

Der Anteil der bei der Havarie freigesetzten Aktivität der schwerflüchtigen Elemente wird auf etwa 4% geschätzt. Demnach verblieben im Reaktor etwa 96%, außer bei dem stärker flüchtigen Cäsium, von dem schätzungsweise ca. 30% verdampft sind.

Gemäß Tabelle 9.1 fehlen in der Brennstoffbilanz rund 10 t Uran. Das entspricht etwa 6% des ursprünglichen Vorrats und liegt sehr wohl innerhalb der Fehlergrenzen, besonders wenn man bedenkt, daß bei dem ersten Posten, dem Brennstoff, der aus dem Reaktor nach oben herausgeschleudert wurde, die Abschätzung nur sehr ungenau möglich ist.

Bei dem aus dem Reaktor in die darunterliegenden Etagen geflossenen Brennstoff beträgt die Ungenauigkeit fast 40 t. Darin können sich durchaus die vermißten 10t verbergen.

Hinzu kommt, daß vermutlich auf dem Abschirmdeckel, der verkantet auf dem Reaktor liegt, noch Brennstoff vorhanden ist, dessen Menge nicht abgeschätzt werden kann. Zuletzt sei erwähnt, daß auch die Menge des nach außen gelangten Kernbrennstoffs größer als 4 % gewesen sein kann. Falls 10 % entwichen wären, würde die Bilanz genau stimmen.

*Der ausgebrannte Reaktor*

Die entscheidende Frage ist, welche Gefahr vom Rest des Reaktors 4 ausgeht. Maßgeblich dafür ist die Verteilung des Urans innerhalb des Sarkophags.
Teile der aktiven Zone, die bei der Havarie ausgeworfen wurden, befinden sich in den oberen Räumen, insbesondere im zentralen Saal, und wurden wie der Reaktor von oben zugeschüttet.
Die Hauptgefahr sahen die Experten zunächst darin, daß ein kleiner Teil des Brennstoffs wieder zu arbeiten beginnt, was im Abbrandzustand durchaus möglich ist. Im Jahre 1988 gelang es, aus Räumen neben dem Reaktor Löcher in den Reaktorschacht zu bohren und festzustellen, daß sich dort keine gefährlichen nuklearen Bereiche erhalten haben. Der Hauptteil des radioaktiven Materials scheint in der in den unteren Räumen verteilten Lava konzentriert zu sein.

Es wird geschätzt, daß der radioaktive Staub, der über alle Räume des ehemaligen Reaktorgebäudes verteilt ist, etwa 10 t Uran in kleinsten Teilchen enthält (Durchmesser von Bruchteilen eines Mikrometers bis zu einigen 100 Mikrometer). Diese Menge radioaktiven Staubs reicht aus, um einen Kubikkilometer Luft stärker als für berufsmäßig mit radioaktivem Material arbeitende Personen zulässig mit alpha-strahlendem Material zu verseuchen. Der radioaktive Staub hat aber nur einen relativ geringen Anteil an der Gesamtradioaktivität.
Schwer zu erfassen ist die Menge der Uranverbindungen, die in dem in den unteren Räumen unkontrolliert auftretenden Wasser gelöst sind, mit diesem transportiert werden können und - was wahrscheinlich das Gefährlichste ist - sich dort ansammeln, wo das Lösungsmittel Wasser verdunstet. In Proben, die in Räumen unter dem Reaktor entnommen wurden, konnten 1990 gelöste Uransalze bis zu einer Konzentration von einigen Milligramm pro Liter gefunden werden. Insgesamt wurde abgeschätzt, daß höchstens 2 kg Kernbrennstoff im Wasser gelöst sind.
Nach dem kalten Winter 1992/93 waren im regenreichen Frühjahr 1993 die unteren Räume mit Feuchtigkeit gesättigt. Die folgenden schädlichen Wirkungen sind dabei möglich:
- Wasser kann Kernbrennstoff hin zu einem Ort transportieren, wo er sich in konzentrierter Form ablagert,

- Feuchtigkeit kann durch Korrosion tragende Konstruktionen des Umhüllungsgebäudes zerstören,
- Wasser kann als Moderator zur Auslösung der Kettenreaktion beitragen.

Ja, das uns so vertraute Wasser, Hauptbestandteil unseres Körpers,

„es gibt nicht Ruh bei Tag und Nacht,
ist stets auf Wanderschaft bedacht",

wie es in dem bekannten Volkslied heißt. Das Wasser sorgt auch für Unruhe um dem eingesargten Reaktor. Man kann nicht leicht kontrollieren, wohin es das Uran trägt und ob sich irgendwo im Laufe von Jahren oder Jahrzehnten Abscheidungs- und Anhäufungsprozesse abspielen. Möglichkeiten dazu bestehen durchaus.

*Die erstarrte Lava (der „Elephantenfuß")*

Nach den jetzt vorliegenden Untersuchungen ist der Hauptteil des Kernbrennstoffs in der Lava konzentriert. Sie entstand im Reaktorkern während des Brandes in der Zeit vom 26. April bis zum 6. Mai 1986. Heißer Kernbrennstoff sank auf den unteren Schutzschild des Reaktors und schmolz diesen. Dabei löste sich der Kernbrennstoff (Urandioxid) in geschmolzenem Siliziumdioxid. Dieser Vorgang ist ähnlich der Glasherstellung, wo der Glasschmelze Schwermetalloxide zur Erzielung von Farben zugesetzt werden. Schöne mit Uranoxid gefärbte goldumrandete grüngelbe Glasgefäße konnte man vor einigen Jahren noch im Museum in Joachimsthal/Jachymow bewundern. Im Reaktor 4 befand sich jedoch nicht das schöne grüngelbe Uranoxid, sondern ein schwarzbraunes. Dementsprechend hat sich auch eine schwarzbraune Lava gebildet. Die Schmelze breitete sich dann nach unten und in die benachbarten Räume aus. Dabei wurden Betonwände und Fußböden bzw. Decken durchbrochen, zum Teil durchschmolzen. Teile der Wände und der Metallkonstruktionen lösten sich in der Lava auf. Dort, wo sie langsam abkühlte, hat sie eine glasartige Konsistenz. Beim Zusammentreffen mit Wasser bildete sich poröses oder bröckliges Material.

Das Spektrum der radioaktiven Isotope in der Lava von Tschernobyl stimmt gemäß der Erwartung genau mit dem Isotopenspektrum des Kernbrennstoffs in der heißen Zone überein. Es entspricht dem Abbrandzustand zum Zeitpunkt der Katastrophe.

## 9.2 Kann der Reaktor 4 umweltfreundlich entsorgt werden?

Aus den Ausführungen im vorhergehenden Abschnitt kann entnommen werden, daß ein Abbau, Abtransport und gar eine anschließende „Endlagerung" des radioaktiven Materials zur Zeit unmöglich ist. Das Problem wird jedoch seit einigen Jahren theoretisch bearbeitet. Es werden Varianten ausgearbeitet, wie die gegenwärtigen Gefahren beseitigt werden können.

Block 1 ist seit einiger Zeit stillgelegt. Wie es heißt, für immer. Block 3 und 4 bildeten bekanntlich eine Einheit als Ausbaustufe 2 des Kraftwerkes am Pripjat. Das Gebäude zwischen den beiden Blöcken wurde gemeinsam genutzt. Somit ist vor allem der weitere Betrieb von Block 3 besonders gefährlich, und zwar nicht nur für die Kraftwerksbelegschaft und das sich langsam wieder belebende kleine Städtchen Tschernobyl (Tschornobyl), sondern auch für die Großstadt Kiew und ... für ganz Europa. Daraus folgt, daß ein Abbau des mit einem Betonsarg verhüllten havarierten Reaktors 4 erst beginnen kann, wenn wenigsten der benachbarte Block 3 stillgelegt ist.

Ein Vorschlag zur Lösung des Problems lautet, das gesamte Gebäude mit Erde zuzuschütten und Gras darüber wachsen zu lassen. So vorzugehen, würde aber beträchtliche Gefahren mit sich bringen: hochradioaktive Stoffe, die locker einbetoniert sind, noch mehr aber die Lava, die den Hauptteil des Kernbrennstoffs enthält, wären damit noch schwerer zugänglich und kaum zu kontrollieren. Andererseits müßten dazu ungeheure Erdmassen bewegt werden. Im Vergleich dazu wären die 300 000 t Beton des Sarkophags fast nichts. Und außerdem kann man sich schwer vorstellen, wie der Beton abzubauen und zu entsorgen ist. So bleibt das Problem vorläufig ungelöst.

Der Direktor des Kernkraftwerkes am Pripjat ist gegen die Stillegung. Dies brachte er auch beim Besuch der deutschen Umweltministerin Anfang 1996 zum Ausdruck; er hält das Kraftwerk jetzt für relativ sicher. Außerdem warf er die Frage auf, was dann aus den etwa 5000 Arbeitern werden soll, die zur Zeit in der „NPO Pripjat" arbeiten.

Die wissenschaftlich-technischen Arbeiten, die zur Kontrolle der hochbelasteten Gebiete um das Kraftwerk durchgeführt werden, kann man ebenfalls nicht einfach abbrechen. Eine gewisse Kontrolle des gesamten Gebietes würde auch nach Stillegung des Kraftwerkes erforderlich sein. Ob allerdings Forschungen, wie die an den Fischen im Kühlwasserteich, weitergeführt werden müssen, darüber läßt sich streiten. Diese Fische dienen übrigens teilweise als Futter für Silberfüchse, die ebenfalls in der hochkontaminierten Zone gehalten werden.

Wenn das Kernkraftwerk bei Tschernobyl außer Betrieb gesetzt wird, sind damit keineswegs alle Probleme gelöst. Im Gegenteil, einige werden dann erst akut. Dazu gehören nicht zuletzt auch die sozialen Probleme für die größtenteils hochqualifizierten Arbeiter und Angestellten des „NPO Pripjat". Deshalb muß eine komplexe Lösung gefunden werden.

Fig. 9.1 Blick auf das Kernkraftwerk „Tschernobyl" im Sommer 1993

# Literatur


/ANI 93/   Anisimowa, L.I.: Schutz- und Sanierungsmaßnahmen auf Territorien Rußlands, die infolge von Strahlenunfällen kontaminiert sind. Vortrag /BMU 93/.

/BAU 91/   Baumann, M.: Die Ablagerung von Tschernobyl-Radiocäsium in der Norwegischen See und in der Nordsee. Berichte FB Geowissenschaften, Uni Bremen 1991.

/BAL 93/   Balonowa, M.I.: Führer durch die radiologische Situation und die Expositionsdosen der Bevölkerung der Bezirke der Russischen Föderation, die durch die Havarie des Tschernobyler KKW belastet wurden (russ.). St. Petersburg: Institut für Strahlenhygiene 1993.

/BAV 89/   Baverstock, K.F., J.W. Stather (ed.): Low Dose Radiation Biological Bases of Risk Assessment. London: Taylor+Francis 1989.

/BEI 95/   Beier, W.: Wilhelm Conrad Röntgen. Stuttgart, Leipzig und Zürich: Teubner-Verlag und vdf 1995.

/BS1 92/   Die Auswirkungen des Unfalls im sowjetischen Kernkraftwerk Tschernobyl auf das Territorium der ehemaligen DDR im Jahre 1989. BfS. ST-1/92.

/BS4 93/   Bundesamt für Strahlenschutz (BfS). Pilzsaison. Infoblatt 4/93.

/BS1 96/   BfS. Radon, ein natürliches Radionuklid. Infoblatt 1/96.

/BS2 96/   BfS. Radon in Häusern. Infoblatt 2/96.

/BS3 96/   BfS. Radon-Sanierung von Wohngebäuden. Infoblatt 3/96.

/BS4 96/   BfS. Radon in der bodennahen Atmosphäre. Infoblatt 4/96.

/BMU 86/   Der Bundesminister für Umwelt und Reaktorsicherheit: Umweltpolitik, Umweltradioaktivität und Strahlenbelastung. Bonn 1986.

/BMU 93/   Die Deutsch-Russischen Meßprogramme des BMU 1993 in der GUS - Radiologische Belastung von Mensch und Umwelt. Abschlußseminar am 16./17.12.1993 in Neuherberg.

/BOR 91/   Borsch, P.: Strahlenschutz, Radioaktivität und Gesundheit. München: StMLU 1991.

/BOR 95/   Borovoi, A.A., A.R. Sich: The Chornobyl Accident revisited, part II: The state of the nuclear fuel located within the Chornobyl sarcophagus. Nuclear Safety 36, 1-32 (1995).

/BOS 88/   Boschke, F.L.: Kernenergie. Eine Herausforderung unserer Zeit. Basel:
           Birkhäuser Verlag 1988.

/BRO 62/   Broda, E., T. Schönfeld: Die technischen Anwendungen der Radioakti-
           vität. Leipzig: Deutscher Verlag für Grundstoffindustrie 1962.

/BUR 87/   Burykina, L. N.: Ionisierende Strahlungen. In: N.F. Ismerowa (Ed.):
           Leitfaden der Arbeitshygiene (russ.). Moskau: Medizina 1987.

/CHE 91/   Chernousenko, V. M.: Chernobyl. Insight from the inside. Berlin:
           Springer-Verlag 1991.

/COC 89/   Cochran, T.B. et al.: Soviet nuclear weapons. New York: Harpe and
           Row 1989.

/DEC 83/   Decker, W., W. Degner: Zum Wirkungsmechanismus kleiner Dosen
           ionisierender Strahlungen auf pflanzliche Objekte und seiner Nutzung
           in der Landwirtschaft. Radiobiol. Radiother. 24, 197-218 (1983).

/DEG 62/   Degner, W.: Dosimetrie und Strahlenschutz. In: G. Hertz (Hrsg.):
           Lehrbuch der Kernphysik, Bd. III. Leipzig: Teubner-Verlag 1962,
           287-305.

/DEG 75/   Degner,W., W. Schacht: Untersuchungen über die spezifische Wir-
           kung kleiner Dosen ionisierender Strahlungen auf Saatgut von Kultur-
           pflanzen. II. Mitteilung: Fünfjährige Produktionsversuche mit Co-60-
           Gamma-bestrahltem Silomaissaatgut. Radiobiol. Radiother. 16, 37-49
           (1975). III. Mitteilung. Radiobiol. Radiother. 16, 705-715 (1975).

/DOS 93/   Dosimetrische Pasportisierung der besiedelten Punkte der Ukraine, die
           nach der Tschernobylkatastrophe radioaktiv belastet sind. Kiew 1993.

/ERT 90/   Ertel, J.: Radioaktivität in Bäumen vor und nach dem Reaktorunfall in
           Tschernobyl. Institut für Strahlenschutz, München: GSF-Bericht 41/90.

/FEL 75/   Feldmann, A.: Beiträge zur Strahlenstimulation - IV. Der Einfluß von
           Licht- und Temperaturänderungen sowie des Bestrahlungszeitpunktes
           auf die strahleninduzierte Wachstumsförderung bei Lemna minor L.
           Radiation Botany 15, 49-58 (1975).

/FRA 92/   Frank, T.: Ursachen und mögliche Folgen der Strahlenbelastung...
           am Beispiel des Reaktorunfalls von Tschernobyl mit seinen Auswirkun-
           gen auf das Land Berlin. Dissertation Uni München 1992.

/FRI 87/   Fritz-Niggli, H., et al.: Tschernobyl: Ermittlung des Strahlenrisikos
           und ihre Problematik. Studie der Expertengruppe Dosis - Wirkung zu
           Händen der Eidgenössischen Kommission für Strahlenschutz. Zürich
           Juni 1987.

/FUC 71/   Fuchs. G.: Die Strahlengefährdung des Menschen in der gegenwärtigen Zivilisation. Berlin: Akademie-Verlag 1971.

/GAR 90/   Gardner. M.J. et al.: Results. methods and basic data of case-control study of leukaemia and lymphoma among young people near Sellafield nuclear plant in West Cumbria. Brit. Med. J. **300**, 423-434 (1990).

/GUB 90/   Gubajew. W.S. et al.: Die nukleare Spur (russ.). Moskau: Atomenergoisdat 1990.

/HAH 86/   Hahn. O.: Mein Leben. München, Zürich: Piper 1986.

/HAR 85/   Harper. M.A.. T.C. Hutchinson: Environmental consequences of nuclear war II. Chichester: John Wiley & Sons 1985.

/HIL 96/   Hille. R., P. Hill. K. Heinemann. M. Heinzelmann: The impact of the Chernobyl accident - an evaluation from the German perspective. Forschungszentrum Jülich Februar 1996.

/HIL 94/   Hille. R., K. L. Frenkler: Arbeitsbericht 1993 der Abteilung Sicherheit und Strahlenschutz. Forschungszentrum Jülich März 1994.

/HOE 89/   Hoelz. J.. A. Hoelz. P. Potthoff: Schwangerschaften und Geburten nach dem Reaktorunfall in Tschernobyl. Institut für Stralenhygiene des Bundesgesundheitsamtes. Neuherberg 1989.

/HOL 33/   Holthusen. H.: Vergleichende Untersuchungen über die Wirkung von Röntgen- und Radiumstrahlen. Strahlentherapie **46**, 273-288 (1933).

/HOR 94/   Horlacher, R.. G. Voigt: Distribution of radiocaesium activities in the water of Bavarian chain of lakes. Radiat. Environ. Biophys. **33**, 365-372 (1994).

/HUR 91/   Hurwic, J.: La radioactivité: decouverte et premiers travaux. Recuel des textes originaux avec introduction et commentaries. Universite de Provence. a Marseille 1991, 36-74 .

/ILL 88/   Illesh. I.W.. A.E. Pralnikow: Reportage aus Tschernobyl (russ.). Moskau: Mysl 1988.

/IGN 89/   Ignatenko. E.I.: Tschernobyl: Ereignisse und Lektionen. Fragen und Antworten (russ.). Moskau: Verlag für politische Literatur 1989.

/ISR 91/   Israel. Ju.A.: Tschernobyl, radioaktive Belastung der Umwelt (russ.). Leningrad: Gidrometisdat 1991.

/JAR 94/   Jaroshinskaja. A.: Verschlußsache Tschernobyl. Berlin: Basis Druck 1994.

/KAR 94/   Karlin. M.: persönliche Mitteilung.

/KIE 87/    Kiefer H.. W. Koelzer: Strahlen und Strahlenschutz. Berlin: Springer-
            Verlag 1987.

/KOE 79/    Koepp. R.. W. Degner. W. Schacht: Effects of seed irradiation on the
            yield of crop plants. IAEA Study tour on nuclear techniques and
            induced mutation in plant genetics and breeding. 16.-23.Juni 1979.

/KOE 81/    Koepp. R.. M. Kramer: Photosynthetic activity and distribution of
            photoassimilated C-14 in seedlings of Zea mais grown from gamma-
            irradiated seeds Photosynthetica 16 (1981).

/KÖR 96/    Körblein. A.: Perinatal mortality in Germany following the Chernobyl
            accident. Radiation Environ. Biophys. Im Druck (1996).

/KOW 95/    Kowalewskaja. L.: Tschernobyl „DSP"; Folgen Tschernobyls (russ.).
            Kiew: Abrikos 1995.

/KOM 94/    Komissarenko. C.B.. K.P. Sak: Strahlung und Immunität des Menschen
            (russ.). Kiew: Naukowa Dumka 1994.

/KRA 59/    Kramish. A.: Atomic Energy in the Soviet Union. Stanford. California
            und London: Stanford University Press und Oxford University Press
            1959.

/KRÖ 89/    Kröger W.. S. Chakraborty: Tschernobyl und weltweite Konsequen-
            zen. Köln: Verlag TÜV Rheinland 1989.

/LEG 89/    Aus den Aufzeichnungen des Akademikers W. Legasow. In: Soldaten
            Tschernobyls (russ.). Moskau: Wojenisdat 1989.

/MCK 89/    Mckay, A.: Das Atomzeitalter. Von den Anfängen zur Gegenwart.
            Berlin: Springer-Verlag 1989.

/NEA 87a/   Chernobyl and the safety of nuclear reaktors in OECD  countries.
            Nuclear Energy Agency OECD. Paris 1987.

/NEA 87b/   The radiological impact of the Chernobyl accident in OECD countries.
            Nuclear energy agency OECD. Paris 1987.

/RAJ 54/    Rajewsky, B.: Strahlendosis und Strahlenwirkung. Stuttgart: Georg
            Thieme 1954.

/PAP 51/    Pape, R.: Biologische Effekte von ein Jahr lang täglich wiederholten
            kleinsten Röntgendosen. Strahlentherapie 84, 245 (1951).
            Methoden des Nachweises biologischer Strahlenwirkungen nach klein-
            sten Dosen. Wiener klinische Wochenschrift 63, 184 (1951).
            Über den günstigen Einfluß  kleinster Röntgendosen auf die Wundhei-
            lung. Wiener medizinische Wochenschrift 101, 95 (1951).

/PRO 94/ Probleme der Tschernobyler Sonderzone (russ). Kiew: Naukowa Dumka 1994.

/POH 82/ Pohl, E.: Strahlenexposition und Strahlenrisiko durch den Gehalt der Luft an natürlichen Radionukliden. Zur Problematik der Wirkung kleiner Strahlendosen. Strahlenschutz in Forschung und Praxis, Bd. XXIII. Stuttgart, New York: Thieme 1982, 13-24.

/SCH 90/ Schlootz, M. (Hrsg.): Tschernobyl - 4 Jahre danach. Wir sind noch einmal davongekommen? FU Berlin 1990.

/SCH 89/ Scholtz, R.: Das 30-Millirem-Konzept. Internationale Ärzte für die Verhütung des Atomkrieges (IPPNW). Heidesheim 1989.

/STÖ 86/ Störfälle in Kernkraftwerken: Handlungsgrundsätze für das Gesundheitswesen. Kopenhagen: WHO Nr. 16, 1986.

/STO 96/ Stolz, W.: Radioaktivität. Grundlagen, Messung, Anwendungen. Stuttgart, Leipzig: Teubner-Verlag 1996.

/STS 91/ Stscherbak, Ju.: Tschernobyl. Dokumentarische Erzählung. Berlin, Weimar: Aufbau-Verlag 1991.

/TSC 80/ Tschasow, E.I., L.A. Iljin, A.K. Guskowa: Die Gefährlichkeit des Nuklearkrieges. Moskau: APN-Verlag 1982.

/TSC 92/ Tschernousenko, W. M.: Tschernobyl: Die Wahrheit? Hamburg: Rowohlt 1992.

/TSC 94/ Tschernobyl 94. IV. wiss.-techn. Konferenz „Schlußfolgerungen von acht Jahren Arbeit zur Beseitigung der Folgen der Tschernobyler Havarie" (russ.). Seleny Mys: NPO „Pripjat" 1994.

/VIN 80/ Vinke, H. (Hrsg.): Als die erste Atombombe fiel. Kinder aus Hiroshima berichten. Ravensburg: Otto Maier Verlag 1980.

/WIN 86/ Winckelmann, I.: Ergebnisse von Radioaktivitätsmessungen nach dem Reaktorunfall in Tschernobyl. Institut für Strahlenhygiene des BGA. Neuherberg 1986.

/WHO 87/ Chernobyl: Health Hazards from Radiocaesium. Copenhagen: WHO Regional Office for Europe 1987.

/WHO 95/ Health consequences of the Chernobyl accident. Genf : WHO 1995.

/WOC 94/ Wochmekow, W.D. et al.: Stand der Erkrankungen in der evakuierten Zone (russ.). In: Problems of Chernobyl exclusion zone 1. 27-37 (1994).

# Index